Natursystem
aller
bekannten in- und ausländischen
Insekten,
als eine
Fortsetzung
der
von Büffonschen Naturgeschichte.

Von
Johann Friedrich Wilhelm Herbst.

Der Schmetterlinge sechster Theil.
Mit 36 illuminirten Kupfertafeln.

Berlin, 1793.
In der Paulischen Buchhandlung.

Verzeichniß

der im

sechsten Theile beschriebenen und abgebildeten

Schmetterlinge.

Verzeichniß.

41.

Verzeichniß.

68.

Verzeichniß.

Natursystem

aller

bekannten in- und ausländischen

Insekten.

Der

Schmetterlinge

VI. Theil.

Fortsetzung
der
Tagfalter.

Sechste Familie.

Rundflügel mit bunten Farben.

Consules.

Staubflügel. Lepidoptera.

I. Gattung. Tagfalter.

6. Familie. Rundflügel mit bunten Farben.

Consules.

Je weiter ich mit der Beschreibung der Schmetterlinge komme, desto mehr sehe ich mich genöthigt, mich von den Systemen des Linne und Fabricius immer weiter zu entfernen, und es nun fast gänzlich zu verlassen. Die vielen neuen entdeckten Schmetterlinge weichen zum Theil so ganz von denen in den Natursystemen gegebenen Kennzeichen der Familien ab, daß man ganz unnützer Weise sich Fesseln anlegt, um sie hinein zu zwinaen. Kein Naturforscher darf auf jemandes System schwören, sondern ein jeder hat das Recht, seinen eigenen Gang zu gehen, wenn er die Naturgeschichte da=

dadurch erleichtern und der Natur getreuer bleiben kann. Linne hatte auf die weißen Danaiden eine Familie folgen lassen, die er Danaos festivos nennet, und deren Charakter seyn soll, daß die Flügel rund, und mit bunten Farben geschmückt seyn sollen. Allein er hat viele Schmetterlinge darunter gebracht, die dieses Kennzeichen nicht an sich haben. Hingegen findet man wieder so viele ausländische Schmetterlinge, die sich weder unter diese, noch unter eine andre linneische Familie bringen lassen. Und dann giebt es wieder viele, die offenbar hierher gehören, aber der Rand der Flügel ist nicht ganz glatt, sondern oft, vorzüglich an den Unterflügeln etwas gezahnt. Das schlimmste hiebey ist noch, daß oft das eine Geschlecht glatte und das andre gezahnte Flügel hat, oder sie sind bey dem einen Geschlecht weit stärker ausgeschnitten, als bey dem andern. Die Familienabtheilung im Wiener Verzeichniß der Schmetterlinge, die fast nur von den Farben hergenommen ist, war bey der kleinen Anzahl europäischer Schmetterlinge wohl anzuwenden, aber bey der ungeheuren Anzahl, die die übrigen Welttheile hervorbringen, ist sie gar nicht brauchbar. Da ich bey meinem Natursystem es zur Hauptregel gemacht habe, auf den ganzen Habitum des Insekts zu sehen, so will ich dieser Regel auch hier treu bleiben, wenn gleich freilich hie und da Schwierigkeiten vorkommen, wo ich von dieser Regel etwas abzuweichen gezwungen bin. Freilich werden viele mich laut tadeln,

die

die sich einmal an ein System gewöhnt haben, das sie ungern verlassen, oder die die unsäglichen Schwierigkeiten nicht kennen, die vielen neuen Entdeckungen in ein schon vorhandenes System zu zwingen, und doch den angegebenen Kennzeichen treu zu bleiben. Die erste und zwente linneische Familie der Ritter waren sehr gut bestimmt. Die hiezu gehörigen Arten sind größtentheils so leicht zu kennen und zu unterscheiden, daß man nur bey einigen wenigen etwas zweifelhaft wird. Die Helikonier, als die dritte Familie sind fast noch weniger zu verkennen, da sie wegen ihrer schmalen langen Oberflügel sich von allen übrigen Tagvögeln so merklich auszeichnen. Mit der vierten Familie, den Parnassiern ist es schon viel mißlicher; der ganze Umriß der Flügel hat so viel ähnliches mit denen, die zu der jetzt folgenden Familie gehören, daß sie ganz füglich mit darunter gezählt werden könnten, so wie einige derselben auch sehr gut zu der fünften Familie oder den weißen Rundflüglern gerechnet werden könnten. Bey diesen letzten kommen schon große Schwierigkeiten vor. Bey den vorhergehenden Familien hatte Linné auf die Gestalt der Flügel gesehen, bey dieser aber sieht er nur auf die Farbe; denn der Charakter, daß sie runde Flügel mit glattem Rande haben sollten, trifft nicht allzeit ein; mehrere darunter haben auch eckige, und andre gezahnte Flügel. Indessen könnte man dies gelten lassen; man wußte doch nun gewiß, wohin man einen Schmetterling mit weißer oder gelber Farbe, der kein Ritter war, zu setzen hatte. Aber bey den nun folgenden kommen so viele Schwierigkeiten, wobey auch der geduldigste den Muth verliert, und wobey man, wenn man nicht die Familien ins Unendliche vervielfältigen will, oft zufrieden seyn muß, wenn die Charaktere nur einigermaßen eintreffen. Und hätte man nun auch alle Schmetterlinge, die man entweder in Natur oder aus Abbildungen kennet, noch so genau classificiret, wo soll man nun mit denen hin, von welchen nur eine kurze Beschreibung in den Systemen steht, und worin oft des Kennzeichens gar nicht einmal erwähnt wird, nach welchen man seine Abtheilungen bestimmte. Ich muß also meine Leser noch einmal bitten, ja nichts vollkommnenes von mir zu erwarten, sondern zufrieden zu seyn, wenn ich nur etwas mehr gethan habe, als meine Vorgänger.

Linné benannte die zwey ersten Familien der Tagschmetterlinge nach griechischen und trojanischen Rittern. Ich will auf gleiche Weise fortfahren, die Familien nach gewissen römischen und griechischen Würden zu benennen, wenn ich gleich den einzelnen Arten die Namen lassen muß, die sie in den Systemen erhalten haben. Ich nenne also diese

Sechste Familie. **Consules**, und ihr Familienkennzeichen ist dieses, daß wenigstens die Oberflügel

einen

einen ungezahnten runden glatten Rand haben, der doch aber wohl bisweilen etwas ausgeschnitten ist. Die Unterflügel haben bald einen ganz glatten, bald einen nur schwach gezahnten Rand. Man kann diese Familie füglich in mehrere Horden vertheilen.

Erste Horde. Die Grundfarbe ist braun, mit einem blauen spielenden Schein; die Oberflügel sind etwas lang.

1. Papilio Cyparissias.

Hundert und achtzehnte Kupfertafel. Fig. 1. 2.

Fabr. Gen. Ins. Mant. 257. Pap. Dan. festiv. alis integerrimis nigris, fasciis duabus albis, anticarum obliquis, posticarum punctatis. Spec. Ins. 2. 52. 226. Mant. 2 25. 259.

Cram. Ins. 1. tab. 1. fig. AB. Papil. *Daedalus.*

Den ersten Anblick nach sollte man diesen Schmetterling fast für einen Nachtvogel halten. Die Oberflügel sind oberhalb braun schwarz, am Außenrande etwas fahler, und in einer gewissen Richtung hat die Grundfarbe einen grünlichen Glanz. Zwey milchweiße Binden gehen vom Vorderrande über das Feld weg, erreichen aber nicht den Hinterrand; die untere ist nur wenig wellenförmig, die obere aber ist weit mehr gebogen, viel kürzer, und scheint aus drey bis vier zusammengeflossenen Mondflecken zu bestehen; vor ihr am Hinterrande stehen noch drey weiße Flecken neben einander, so wie vor der untern ein einziger. Unten ist die Grundfarbe brauner, an der Spitze und dem Außenrande breiter gelbbraun; die Binden sind auch hier, nur steht vor denselben hinter den Außenrand eine ganze Reihe weißer Flecken, die nach der Spitze zu schwarz eingefaßt sind, und an der Spitze ganz in schwarz übergehen. Die Unterflügel sind oberhalb auch braun-

schwarz,

schwarz, innerhalb nach der Wurzel zu mit braunen Haaren besetzt; außerhalb stehen zwey Reihen ungleicher weißer Flecken. Unten ist die Grundfarbe umbrabraun, und die weißen Flecken haben eine schwarze Einfassung. Die Fühlhörner haben am Ende einen langgezogenen zuletzt zugespitzten Knopf. Der Leib ist haarig, und hat oben und unten die Farbe der Flügel; so auch die Füße, die insgesamt zum Laufen geschickt sind.

Das Vaterland ist das mittägige Amerika.

2. Papilio Midamus.

Hundert und neunzehnte Kupfertafel. Fig. 1. 2.

Cramer Inſ. 23. tab. 266. AB. Papil. alis integerrimis fuſcis, albo maculatis, anticis ſupra coeruleſcentibus.

Fabricius hat unter dem Namen Midamus mehrere Schmetterlinge zuſammengefaßt, die wohl Aehnlichkeit unter einander haben, aber doch gewiß ganz verſchiedene Arten ſind, wenn er ſie gleich nur für Varietäten zu halten ſcheint. Da ich alle dieſe Arten ſelbſt beſitze, ſo glaube ich auch mit Sicherheit ſie für lauter eigene Species erklären zu können. Dieſer gegenwärtige Cramerſche Midamus iſt mehr als noch einmal ſo groß, als die ihm verwandten Arten. Die Grundfarbe iſt braun, beym Weibchen viel heller, als beym Männchen. Die Oberflügel haben in der Mitte ein dunkleres Feld, welches hauptſächlich beym Männchen einen blauen Gegenſchein hat. Von der Mitte an bis nach der Spitze zu ſind viele weißliche, bald ins röthliche, bald ins bläuliche ſpielende Flecken zerſtreuet, deren Geſtalt, Lage und Größe ungleich und ſehr verſchieden iſt. Die Unterflügel pflegen etwas heller zu ſeyn, und ſie haben am Hinterrande, wo ſie von den Oberflügeln bedeckt werden, einen großen unregelmäßigen fahlbraunen, und eben daſelbſt am Außenrande einige weiße Flecken. Am Außenrande ſtehen hie und da einige verloſchene weißliche Punkte.

Punkte. Der Rand ist glatt; der Leib schwarzbraun mit einigen weißen Punkten auf den Schultern; die Fühlhörner sind braun. Unten ist die Grundfarbe wie oben, aber der weißlichen Flecken sind weit mehrere, zumal auf den Unterflügeln, und sie haben hier ebenfalls zum Theil einen röthlichen Schein, der oft violet, oft auch blau ist. Die Brust ist weiß punktirt, und das erste Fußpaar ist nur kurz, die Farbe der Füße ist schwarz.

Das Vaterland ist Amerika.

3. Papilio Superbus.

Hundert und neunzehnte Kupfertafel. Fig. 3. und Hundert und zwanzigste Kupfertafel. Fig. 1. 2.

Mus. *Herbst.* Pap. alis integerrimis fusco nigris, albo maculatis, anticis supra coerulescentibus, posticis duplice serie albo maculatis.

Von dieser zweyten Art, die nur aus Ostindien kommt, habe ich noch nirgends etwas erwähnt gefunden. Sie ist die schönste ihrer Verwandten, nicht so groß, wie die erste Art, aber doch ziemlich viel größer, als die übrigen. Das Männchen, tab. 119 fig. 3, ist mit dem Weibchen, tab. 120. fig. 1. 2. weder an Größe, noch an der Farbe verschieden. Die Grundfarbe ist ein dunkles Schwarzbraun, das nach dem Rande zu ein wenig in ein helleres Braun übergeht. Die Oberflügel haben fast auf dem ganzen Felde einen vortreflichen blauen Glanz, und die darauf gestreueten hellen Flecke sind hellblau, diejenigen aber, die am Rande stehen, sind sehr weiß. Die Unterflügel sind etwas lichter braun. Am Rande steht eine Reihe weißer Punkte, und darüber eine Reihe länglich runder weißer Flecken. Beym Männchen sind diese Punkte und Flecken nur klein, oft nur ganz verloschen, beym Weibchen aber sehr ansehnlich, und ungemein weiß. Unter den Oberflügeln sind die unteren ganz weißlich braun. Der Leib ist oberhalb ganz dunkel schwarzbraun, mit einigen weißen Punkten auf dem Kopfe und den Schultern. Unten ist die Grundfarbe heller braun; die weißlichen Flecken sind fast dieselben, gleichfalls auf der Mitte des Feldes bläulich und nach dem Rande zu weiß; auf den Unterflügeln stehen noch einige blauliche Flecken auf der Mitte des Feldes. Auch hat der Außenrand viele kleine weiße Striche. Der Kopf, die Brust und die Füße sind weiß punktirt, der Hinterleib hat weißliche Binden. Die Fühlhörner sind schwarz.

Das Vaterland ist Ostindien.

---

4. Papilio Cora.

Hundert und zwanzigste Kupfertafel. Fig. 3. 4.

Cramer Inf. 23. tab. 266. E. F. Pap. alis integerrimis fuscis, albo maculatis, margine omni pallidiore.

Dieser Schmetterling ist weit häufiger, als der vorige, und erreicht bey weitem nicht die Größe desselben. Die Grundfarbe ist hauptsächlich auf den Oberflügeln ein sammetartiges Braun, am Rande geht sie in ein helleres Umbra über; auf den Unterflügeln stehen zwey Reihen milchweißer Flecken, die äußere Reihe sind gemeiniglich runde Punkte, die innere langeyrunde hinten zugespitzte Striche von verschiedener Größe, und oft stehen zwey dicht an einander, fließen in einander, oder werden mondförmig. Unten ist die Grundfarbe umbrabraun, in der Mitte und nach der Wurzel zu ins Röthliche und Blaue schielend; die weißen Punkte und Flecken sind größer. Die Brust und der Leib sind braun mit weißen Punkten bestreuet.

Das Vaterland ist Ostindien.

5. Papilio Claudius.

Hundert und zwanzigste Kupfertafel. Fig. 5.

Fabr. Mant. 2. 25. 261. Pap. *Dan. fest.* alis integerrimis nigris, anticis coeruleo micantibus albo punctatis, posticis lineatis.

Sulzer Gesch. d. Ins. tab. 16. fig. 5. Pap. *Midamus.*
Cram. Ins. 23. tab. 266. fig. C. Pap. *Basilissa.*
Klemann Ins. tab. 9. fig. 1. 2.

Es ist dieser Schmetterling noch etwas kleiner, wie der vorige; die Grundfarbe der Oberflügel ist braun, mit einem schönen blauen Schein auf dem Felde, hauptsächlich nach der Spitze zu; zwey okergelbe Streifen gehen von der Wurzel aus, die eine am Hinterrande herauf, die andre nach der Mitte des Feldes zu. Auf dem Felde sind dreyeckige weiße Flecken, die zum Theil ins Röthliche und Violette übergehen, und am Außenrande steht eine Reihe weißer Punkte. Die Unterflügel sind braun, mit vielen weißen Strichen auf dem Felde, und einer Reihe weißer Punkte am Außenrande. Die Unterseite ist fast eben so, nur ist die Farbe fahler, und die weißen Zeichnungen größer. Der Leib ist braun, mit vielen weißen Punkten bestreuet.

Das Vaterland ist Tranquebar.

6. Papilio Eleusina.

Hundert ein und zwanzigste Kupfertafel. Fig. 1.

Cram. Inſ. 23. tab. 266. fig. D. Pap. alis integerrimis nigris, margine exteriori maculis punctisque griseis.

Die Grundfarbe dieses Schmetterlings ist auf den Oberflügeln schwarz mit einem dunkel violetten Wiederschein; am Außenrande steht eine Reihe ungleicher grauweißer Flecken, die einen blauen Wiederschein haben; am Vorderrande stehen in der Mitte zwey solche Punkte, und nach dem Hinterrande zu ein kleiner brauner Strich, der sich nicht beym Männchen findet. Die Unterflügel sind an der Wurzel schwarz, außerhalb braun und unter den Oberflügeln gelbbraun; nach dem Außenrande zu steht eine Reihe runder weißer blauschillernder kleiner Flecken. Unterhalb ist die Grundfarbe braun, und am Außenrande ist eine Reihe weißer Punkte. Der Leib ist braun, und der Rücken hat weiße Punkte. Das erste Fußpaar ist kurz.

Das Vaterland ist die Insel Java.

7. Papilio Climena.

Hundert ein und zwanzigste Kupfertafel. Fig. 2. 3.

Cram. Inſ. 33. tab. 389. fig. E. F. Pap. alis integerrimis fuſcis, poſticis margine teſtaceo, ſubtus maculis griſeis coeruleſcentibus.

Die Oberflügel dieſes Schmetterlings ſind ganz einfarbig braunroth, mit einem ſchwachen violetten Wieſchein. Die Unterflügel haben innerhalb eben dieſe Farbe, die aber außerhalb in dunkel okergelb übergeht, worauf eine noch gelbere oder hellere verloſchene, oder mit der Grundfarbe ganz in eins verfloſſene Binde ſteht. Unten iſt die Grundfarbe heller, die verloſchene Binde lebhafter an Farbe, faſt roſtfarbig; auf den Unterflügeln ſtehen zwey Reihen greiſer blauſchillernder Flecken, und auf dem Felde ſind gleichfalls einige derſelben hingeſtreuet; ſo auch auf den Oberflügeln ſind auf dem Felde einige ſolche Flecken von ganz ungleicher Größe, hauptſächlich iſt der größte länglich eyrund. Der Leib iſt ſchwarz, oberhalb braun, der Bauch und die Füße ſind unten greis; das erſte Paar iſt kurz.

Das Vaterland iſt Amboina.

8. Papilio Umbra.

Hundert ein und zwanzigste Kupfertafel. Fig. 4. 5.

Drury Inſ. 3. tab. 18. fig. 1. 2. Pap. alis integerrimis emarginatis ferrugineis margine late fuſco.

Die Form der Flügel weicht zwar von den vorigen etwas ab, aber im übrigen iſt er ihnen doch ähnlich; es ſind nemlich zwar die Flügel nicht gezahnt, ſondern der Rand iſt glatt, aber er iſt nicht rund, ſondern etwas bogigt ausgeſchnitten. Die Grundfarbe iſt oberhalb von der Wurzel an bis über die Hälfte roſtfarbig gelbroth, der äußere Theil aber uneben braun. Der Leib hat viele weiße Punkte, und der Hinterleib iſt röthlich braun. Unten iſt die Farbe der Oberflügel einfarbig gelbbraun, mit einer ganz verloſchenen ſchwärzlichen Queerbinde auf der Mitte, und am Vorderrande iſt die Farbe unterwärts röthlich angelaufen. Dieſe röthliche mit braun vermiſchte Farbe haben auch die Unterflügel; vom Außenrande aller Flügel gehen ſchwärzliche Strahlen; an der Wurzel der Unterflügel ſtehen ohngefehr achtzehn ſchwarze Punkte. Die Bruſt hat weiße Punkte, und der Bauch iſt gelblich.

Das Vaterland iſt Sierra Leona in Afrika.

9. Papilio Mulciber.

Hundert zwey und zwanzigste Kupfertafel. Fig. 1. 2.

Cram. Inſ. tab. 127. CD. Pap. alis integerrimis obſcure fuſcis, anticis coeruleſcentibus, maculis violaceis.

Sulzer Geſch. d. Inſ. tab. 16. fig. 4. Pap. *Midamus.*

Dieſer Schmetterling iſt der kleinſte von denen bisher unter ſich ſo gleichen beſchriebenen Arten, aber gewiß nicht der ſchlechteſte. Die Oberflügel ſind dunkelbraun, mit einem herrlichen blauen Schein auf der Mitte des Feldes, auch ſtehen auf demſelben viele weiße Flecken, deren Ränder in violet übergehen; dicht am Außenrande ſteht eine Reihe kleiner weißer Punkte, ſo wie dergleichen auch auf dem Rande ſelbſt ſtehen. Der Rand der Unterflügel iſt ſo glatt, als wenn er mit der Scheere beſchnitten wäre; die Farbe iſt ganz einfarbig dunkel braunroth, nur unter den Oberflügeln heller, okerbraun. Auf der Schulter ſtehen einige weiße Punkte; der Leib iſt mit den Flügeln gleichfarbig. Unten ſind alle Flügel braunroth, mit zwey Reihen weißer Punkte am Außenrande, und einigen größeren auf der Mitte des Feldes, die auf den Unterflügeln faſt nur Striche ſind; an der Wurzel und der Bruſt ſieht man gleichfalls weiße Punkte. Die Füße ſind braun, das erſte Paar kurz.

Das Vaterland iſt Oſtindien.

Zweyte Horde. Die Flügel sind schwarz mit weißen durchscheinenden Flecken; die obern lang, die untern bisweilen gezahnt.

Die zu dieser Horde gehörigen Schmetterlinge sind leicht zu kennen, weil sie fast durchgängig eine braune Grundfarbe mit grünlich weißen halb durchscheinenden Flecken haben. In den Systemen sind sie bisher unter die Nymph. phalerat. gebracht, deren Charakter seyn soll, daß sie gezähnte Flügel und Banden in den Zeichnungen haben; beydes trifft bey vielen nicht ein, die unter dieser Horde stehen, und noch weniger der Umriß der Flügel, der mit dem vorigen so viel ähnliches hat. Es ist wahr, viele der Schmetterlinge, die ich in diese Horde, und also unter die Consules bringe, haben gezahnte Flügel; aber theils betrifft dies oft nur das andre Geschlecht, theils nur die Unterflügel, theils gehen die Zeichnungen so unmerklich in einander über, daß sie unmöglich von einander getrennt werden können. Ich glaube auch, die übrigen Familien so deutlich von der gegenwärtigen abzusondern, daß die schwach gezahnten Flügel noch deshalb keine Verwirrung verursachen werde.

10. Papilio Egialea.

Hundert zwey und zwanzigste Kupfertafel. Fig. 3.

Fabr. Spec. Inf. 2. 102. 449. *Pap. nymp. phal.* alis dentatis, anticis atris maculis posticis fuscis disco albis.
Cram. Inf. 16. tab. 192. D.

Die Aehnlichkeit dieses Schmetterlings mit dem folgenden, der in den Systemen selbst unter die Dan. festiv. steht, beweiset, daß sie nicht von einander getrennt werden können, ob er gleich unter die Nymphen gebracht ist. Fabricius hat ihn in seiner Mantisse da wieder weggenommen, oder ganz ausgelassen, denn ich kann ihn nirgends finden.

Die Oberflügel sind nicht gezahnt, sondern ganz glatt; die Grundfarbe ist braun, und auf derselben stehen in der Mitte drey große durchsichtige weißliche Flecken, und um denselben am Vorder- und Außenrande einige kleinere. Unten ist die Zeichnung eben so, nur die Farbe etwas blasser. Die Unterflügel sind sehr schwach gezahnt, außerhalb fahlbraun, innerhalb gelblich weiß, und eben so sind sie auch unten gezeichnet. Auf dem Brustschilde stehen weiße Punkte; der Leib ist braun.

Das Vaterland ist Sierra leona in Afrika.

11. Papilio Niavius.

Hundert zwey und zwanzigste Kupfertafel. Fig. 4. 5. 6.

Lin. S. N. 2. 766. 109. Pap. *Dan. fest.* alis integerrimis nigris, anticis fascia alba, posticis macula communi baseos alba.

Ej. Mus. Lud. Ulr. 253.

Fabr. S. E. 480. 162.

Ej. Spec. Ins. 2. 52. 228.

Ej. Mant. 2. 25. 262.

Cram. Ins. 1. tab. 2. fig. F. G. mas. 20. tab. 234. A. foem.

Clerk icon. tab. 32. fig. 2.

Das Männchen dieses Schmetterlings hat einen glatten Rand; die Oberflügel sind schwarz, nach der Spitze zu steht eine breite grünlich weiße durchsichtige Binde, an der Spitze selbst, am Außen- und Vorderrande einige solche Punkte; am Hinterrande gegen die Binde über steht ein großer weißlicher durchsichtiger Flecken, der meist den ganzeu Hinterrand einnimmt; unten ist die Farbe und Zeichnung eben so. Die Unterflügel sind oben außerhalb braun, innerhalb weiß. Unten dagegen sind sie ganz weiß mit schwarzen Adern. Der Leib ist braun.

Das Weibchen, fig. 6, ist größer, und die Hinterflügel sind stark gezahnt; die Zeichnungen sind übrigens

gens nur durch einige kleine Punkte verschieden, wovon auch einige am Außenrande der Unterflügel stehen, so wie auf dem Brustschilde. Die weiße Farbe der Unterflügel unterhalb schielt etwas ins Blaue. Das vorderste Fußpaar ist kurz.

Das Vaterland ist Sierra leona.

Durch ein Versehen ist nach den Druckfehler im Fabric. Spec. auf der Kupfertafel der Name Niarius gesetzt. In der Mantisse ist dieser Name noch mehr verunstaltet.

---

12. Papilio Eurinome.

Hundert drey und zwanzigste Kupfertafel. Fig. 1.

Fabr. Spec. Inf. 2. 101. 443. Pap. *Nymph. phal.* alis dentatis nigris, albo maculatis, posticis basi albis.
Ej. Mant. 2. 54. 538.
Cram. Inf. 6. tab. 70. fig. A.

Die Aehnlichkeit der Zeichnung mit dem vorigen erfordert auch, ihn neben denselben zu stellen. Die Oberflügel sind etwas kürzer und breiter, als bey den vorigen. Die Oberflügel haben einen glatten oder doch nur hie und da ganz unmerklich ein wenig ausgeschnittenen Rand. Die Grundfarbe ist schwarzbraun, und auf derselben stehen viele weiße halbdurchsichtige Flecken von verschiedener Größe und Gestalt, einige sind mondförmig, andre rund, andre oval. Die Unterflügel sind innerhalb ganz weiß, außerhalb schwarzbraun, mit einer Reihe großer, runder, weißer Flecken, und zwey Reihen weißer Punkte hinter den Außenrand, der gleichfalls kaum merklich gezahnt ist. Unten ist die Zeichnung eben so, nur ist die Grundfarbe an der Wurzel braunroth, und die Brust hat viele weiße Punkte. Oben ist der Brustschild braun, und der Hinterleib weiß.

Das Vaterland ist Ostindien.

13. Papilio Aventina.

Hundert drey und zwanzigste Kupfertafel. Fig. 2.

Cram. Inſ. 5. tab. 59. F. Pap. alis fuſco nigris, maculis lineisque hyalinis coeruleſcenti albis.
Fabr. S. E. 290 Pap. *Similis.*
Petiv. Gazoph. tab. 3. fig. 4.

Ich laſſe hier nun eine ganze Reihe Schmetterlinge auf einander folgen, die ſich zwar unter einander ſehr ähnlich ſind, daher auch **Fabricius** ſie meiſtentheils nur für Spielarten hält, da ich ſie aber alle ſelbſt beſitze, und von jedem mehrere Stücke, ſo glaube ich, ſie mit größerem Recht für eigene Arten annehmen zu müſſen; die Verſchiedenheit läßt ſich freilich durch Beſchreibungen nicht ſo genau angeben, als durch die Vergleichung der Abbildungen, welches ich billig dem Leſer ſelbſt überlaſſe.

Die Oberflügel ſind ſchwarzbraun; von der Wurzel aus gehen weiße halbdurchſichtige Streifen nach dem Felde zu, welches mit vielen halbdurchſichtigen blauweißen Flecken von ungleicher Geſtalt und Größe beſtreuet iſt; am Außenrande ſteht eine Reihe weißer Punkte. Die Unterflügel ſind eben ſo gezeichnet, von der Wurzel aus gehen Strahlen nach dem Felde zu, die Flecken aber ſind viel länglicher und ſchmäler, und faſt nur Striche.

Striche. Der Rand der Flügel ist glatt. Unten ist die Zeichnung eben so, nur die Grundfarbe fahler, und an den Spitzen der Oberflügel, so wie auf den Unterflügeln, fast braunroth. Die Vorderfüße sind nur kurz.

Das Vaterland ist China.

14. Papilio Limniace.

Hundert drey und zwanzigste Kupfertafel. Fig. 3. 4.

Cram. Inf. 5. tab. 59. fig. DE. Pap. alis fuscis, maculis hyalinis, posticis subdentatis.

Er ist dem vorigen ähnlich, nur haben die Flecken eine ganz andre Gestalt und Lage. Die Grundfarbe ist braun, und die Flecken sind durchscheinend. Die Unterflügel haben einen etwas gezahnten Rand. Das Männchen hat unten auf den Unterflügeln eine Eigenheit, nemlich zwischen der zweyten und dritten Ader steht ein kleiner Anhang, der fast die Gestalt einer Tasche hat, und auch oberhalb offen ist; vermuthlich dient derselbe bey der Paarung zum Festhalten. Die ersten Füße sind kurz.

Das Vaterland ist die Küste von Ceylon und Coromandel.

15. Papilio Melaneus.

Hundert drey und zwanzigste Kupfertafel. Fig. 5.

Cram. Inſ. 3. tab. 30. fig. D. Pap. alis atris, vittis maculisque coeruleſcentibus hyalinis.

Er iſt dem vorigen ähnlich; die Oberflügel haben einen glatten Rand, zwey breite, ſchuppenloſe durchſcheinende weiße Streifen gehen von der Wurzel aus nach der Mitte des Feldes zu, auf welchem eben ſolche durchſcheinende Punkte und Flecken von verſchiedener Geſtalt ſtehen. Die Unterflügel ſind ſchwach gezahnt, ſchwarz, mit durchſcheinenden weißen Strahlen von der Wurzel aus; vor ihnen ſteht eine Reihe durchſcheinender Flecken, und nach dem Außenrande zu zwey Reihen weißer Punkte. Die Bruſt hat weiße Punkte. Die Vorderfüße ſind kurz.

16. Papilio Similis.

Hundert vier und zwanzigste Kupfertafel. Fig. 1. 2.

Lin. S. N. 2. 782. 193. Pap. *Nymph. phaler.* alis subrepandis concoloribus, punctis coerulescenti albis versus basin lineatis.

Muf. Lud. Ulr. 299. Var. an foem?

Fabr. S. E. 511. 290.

Ej. Spec. Inf. 2. 101. 446.

Ej. Mantiff. 2. 55. 541.

Cram. Inf. 1. tab. 9. B. C.

Clerk ic. tab. 16. fig. 2.

Linné hat zwey Schmetterlinge für die verschiedenen Geschlechter einer Art gehalten, die es nicht, sondern zwey eigene Arten sind. Der gegenwärtige Schmetterling ist nicht eigentlich der linneische Similis im System, sondern die im Muf. Lud. Ulr. beschriebene Varietät, bey welcher er anfrägt, ob er das Weibchen sey. Seinen eigentlichen Similis kann ich unter allen denen verschiedenen Arten, die ich besitze, und abgebildet habe, nicht herausfinden, zumal, da er von ihm sagt, er habe nur die Größe des Pap. Atalanta. Seine Beschreibung des Similis ist folgende: die Oberflügel haben vier weiße Linien, die an der Wurzel der Flügel zusammenstoßen, und von welchen die zwey mittelsten noch einmal so breit und oben gespalten sind; außerhalb dieser Linien sind

viele

viele weißliche Flecken umher gestreuet, von welchen die drey vordern deutlich unterschieden sind von den übrigen, die in zwey Reihen stehen. Die Unterflügel sind nach der Wurzel zu weißlich mit schwarzen Adern und Aesten. Unten ist nach hinten zu ein schwarzer Fleck, der zwey weiße Punkte hat, welches ein wesentliches Kennzeichen dieser Art ist. Dies alles trifft weder bey diesem, noch bey den andern genau ein. Besser aber seine Beschreibung des vermeintlichen Weibchens, von welchem er sagt: es sey größer, habe größere blauliche Flecken, und die Unterflügel wären fast rostfarbig, ohne jenen schwarzen Flecken; und so ist auch genau der von mir für den Similis angenommene Schmetterling, den auch **Cramer** dafür angenommen hat, **Fabricius** aber ihn unter den P. assimilis anführt, obgleich er nicht die blutrothen Flecken hat, die doch den Assimilis so genau auszeichnen.

Die Grundfarbe dieses Schmetterlings auf den Flügeln ist schwarz, der Rand der Oberflügel glatt, ein wenig ausgeschnitten; auf dem Felde stehen mehrere große zum Theil fast viereckige grünliche durchscheinende Flecken, und am Außenrande eine Reihe kleinerer. Die Unterflügel sind auf der einen Hälfte grünlich weiß, durchscheinend; außerhalb schwarz mit zwey Reihen grünlicher durchscheinender Flecken; die Flecken der äußeren Reihe sind viel größer, und bisweilen etwas mondförmig.

förmig. Der Rand ist sehr wenig gezahnt. Unten ist die Grundfarbe der Unterflügel fast rostfarbig, die Flecken sind auf beyden Flügeln wie oben; an der Wurzel steht oft ein rother Punkt. Der Leib ist schwarz, der Hals und die Brust mit weißen Punkten bestreuet.

Das Vaterland ist China und Java.

Cramer meint, dieser Schmetterling solle eigentlich unter die griechischen Ritter stehen, wegen der Länge der Oberflügel; und er macht zugleich die Bemerkung, daß alle diese Arten Schmetterlinge mit langen Flügeln an der einen Seite der Oberflügel eine Ader mehr hätten, als die Nymphen; auch hätten jene fast insgesamt 6 Füße.

17. Papilio Ismare.

Hundert vier und zwanzigste Kupfertafel. Fig. 4. 5.

Cram. Inſ. 24. tab. 279. E. F. Pap. alis ſubdentatis fuſcis, maculis niveis hyalinis.

Dieſer Schmetterling gehört ganz offenbar mit zu den vorigen, obgleich die Flügel etwas gezahnt ſind; ſo unſicher ſind alle ſyſtematiſchen Eintheilungen, die nur von einem einzigen Kennzeichen hergenommen werden. Die Grundfarbe aller Flügel iſt braun. Die Oberflügel haben viele ſchmutzig weiße durchſcheinende Flecken, die nach der Spitze zu zahlreicher, aber kleiner werden; am Außenrande ſtehen zwey Reihen weißer Punkte hinter einander, und ein Strich geht von der Mitte des Feldes nach der Wurzel zu. Die Unterflügel haben mehrere ſolcher weißlichen Streifen, die von der Wurzel aus bis meiſt auf die Mitte reichen; über denſelben ſtehen noch einige gebogene zugeſpitzte Striche, und zwey Reihen Punkte am Außenrande; auch haben die kleinen Ausſchnitte der Flügel, die die Zähne verurſachen, eine weißliche Einfaſſung. Der Bruſtſchild iſt braun mit weißen Punkten, der Hinterleib okerbraun. Unten iſt nur die Farbe etwas blaſſer, ſonſt mit oben gleichförmig. Die Vorderfüße ſind kurz. Das Weibchen hat größere und rundere Flecken auf den Flügeln.

Das Vaterland iſt Java, Amboina u Coromandel.

18. Papilio Juventa.

Hundert vier und zwanzigste Kupfertafel. Fig. 3.

Cram. Inf. 16. tab. 188. B. Pap. alis integris fusco-nigris, vittis maculisque niveis hyalinis.

Es ist dieser Schmetterling fast der kleinste seiner so ähnlichen Verwandten. Die Flügel haben einen meist glatten Rand, auf welchem aber doch viele ganz kleine unmerklich vortretende weiße Punkte stehen. Die Grundfarbe ist braunschwarz. Auf den Oberflügeln stehen auf der innern Hälfte große durchscheinende weißgrünliche Flecken, die sich bis nach der Wurzel herunterziehen, und nur durch die Adern getheilt sind; nach der Spitze zu stehen mehrere kleinere langrunde Flecken, und zwey Reihen Punkte am Außenrande, die paarweise stehen. Die Unterflügel sind gleichfalls innerhalb durchscheinend weiß, mit durchzogenen schwarzbraunen Adern; außerhalb braunschwarz mit zwey Reihen paarweise stehender schmutzig weißer Punkte. Auf den Schultern stehen weiße Punkte; der Leib ist braun. Die Unterseite ist eben so, wie die obere.

Das Vaterland ist Amboina.

19. Papilio Lotis.

Hundert fünf und zwanzigste Kupfertafel. Fig. 1 2.

Cram. Inſ. 20. tab. 230. D. E. alis fuſco nigris, vittis punctisque albis, poſticis ſubdentatis.

Es iſt dieſer Schmetterling den vorigen ähnlich, die Grundfarbe braunſchwarz, von der Wurzel der Oberflügel gehen zwey halbdurchſichtige weiße Streifen aus, die eine auf die Mitte des Feldes, die andre am Hinterrande, beyde bis zur Hälfte hinauf, ihre Farbe iſt aber nur ſchmutzig weiß. Auf der äußern Hälfte ſtehen mehrere weiße Punkte, auch zwey eyrunde weiße Flecken; und auch der glatte Außenrand iſt weiß punktirt. Auf der Unterſeite iſt die Zeichnung eben ſo.

Die Unterflügel ſind etwas gezahnt, am Außenrande ſtehen zwey Reihen weißer Punkte über einander, und auf der Mitte des Feldes fünf bis ſechs weiße Striche; von der Wurzel aus geht ein breiter weißer Streif bis auf die Mitte des Feldes. Unterhalb ſind die Punkte und Striche größer und breiter, und von der Wurzel gehen mehrere weiße Strahlen aus. Das Weibchen hat an der dritten Ader eben den taſchenähnlichen Anhang, von dem ſchon oben geſagt iſt. Der Leib iſt oben braun, an der Schulter weiß punktirt, der

Hin=

Hinterleib hat eine breite gelbe Binde. Unten ist die Farbe des Leibes und der Füße weißlich; das erste Fußpaar ist kurz.

Das Vaterland ist die Insel Borneo.

20. Papilio Melissa.

Hundert fünf und zwanzigste Kupfertafel. Fig. 3. 4.

Cram. Inſ. 32. tab. 377. CD. Pap. alis integerrimis fuſco nigris maculis hyalinis coeruleſcentibus.

Er gehört gleichfalls zur Familie der vorigen, deren Unterschied nur größtentheils in der Gestalt und Stellung der Flecken besteht; bey diesem ist auch der äußere Umriß etwas anders, indem die Unterflügel im Verhältniß mit den obern größer zu seyn scheinen. Der Rand der Flügel ist zwar eigentlich glatt, doch sieht man ganz kleine weiße Zähnchen. Die Grundfarbe ist schwarz, die Oberflügel haben innerhalb größere blauliche durchscheinende Flecken von verschiedener Gestalt, und außerhalb kleinere weiße Punkte ziemlich unordentlich umher gestreuet. Unten ist die Zeichnung eben so, nur ist die Grundfarbe außerhalb umbrabraun.

Die Unterflügel haben an der Wurzel ein großes aus mehreren zusammengelaufenen Flecken bestehendes blauliches halbdurchscheinendes Feld, außerhalb viele weiße und auch okergelbe Punkte Unten ist die Grundfarbe okergelb, und außerhalb stehen zwey Reihen weißer Punkte in einer ziemlichen Entfernung über einander. Der Leib ist oben schwarz, das Bruststück weiß punktirt; unten ist die Farbe weißlich.

Das Vaterland ist Java, Batavia und Samarang.

21. Papilio Aglea.

Hundert fünf und zwanzigste Kupfertafel.] Fig. 5.

Cram. Inf. 32. tab. 377. E. Pap. alis integerrimis anticis subemarginatis, maculis vittisque hyalinis coerulescentibus.

Die Grundfarbe ist schwarz, der Rand der Oberflügel ist zwar glatt, aber in der Mitte etwas ausgeschnitten; das ganze Feld ist mit blaulichen durchscheinenden Punkten, Strichen und Streifen bestreuet. Die Unterflügel haben gleichfalls viele solcher Streifen an der Wurzel, und außerhalb viele zerstreuete Punkte. Unterhalb ist die Farbe fahler braun.

Das Vaterland ist die Küste **Coromandel** und **Java**.

Es muß dieser Schmetterling nicht mit den Lotis des Sulzers verwechselt werden, als welcher unser Erymanthis ist.

---

22. Papilio Cleona.

Hundert sechs und zwanzigste Kupfertafel. Fig. 1.

Cram. Inf. 32. tab. 377. fig. F. Pap. alis integerrimis fuscis, maculis hyalinis flavicantibus.

Die Grundfarbe der Flügel ist dunkelbraun, der Rand rings herum glatt. Auf dem Felde aller Flügel stehen viele gelbgrüne halbdurchscheinende Flecken, und am Rande zwey Reihen schmuzig weißer Punkte über einander. Unten ist die Grundfarbe heller braun. Der Leib ist braun, das Bruststück mit weißen Punkten bestreuet; am After stehen zwey Haarbüschel, welches man bey mehreren dieser Familie findet.

Das Vaterland ist Amboina.

---

23. Papilio Dissimilis.

Hundert sechs und zwanzigste Kupfertafel. Fig. 2. 3.

Lin. S. N. 2. 782. 195. Pap. *Nymph. phaler.* alis dentatis dilatato venosis nigris, maculis albis sagittatis, posticis subtus maculis marginalibus luteis.
Fabr. S. E. 511. 288.
Ej. Spec. Inf. 2. 101. 444.
Ej. Mant. 2. 54. 539.
Clerk. tab. 16. fig. 3.
Sulz. tab. 18. fig. 6.
Cram. Inf. 7. tab. 82. fig. CD.

Die Unterflügel sind zwar freilich bey diesem Schmetterling stark gezahnt, und in dieser Hinsicht sollte er hier nicht stehen, aber seine übrige Aehnlichkeit mit den vorigen muß ihm doch hier seine Stelle geben. Er hat eine ansehnliche Größe, und die Oberflügel laufen am Ende etwas spitz aus. Die Grundfarbe ist ein dunkles Schwarz, das mit vielen halbdurchscheinenden Punkten, Flecken und Strichen bestreuet ist, die zum Theil eine etwas pfeilförmige Gestalt haben; auch stehen an der Wurzel einige Streifen. Unten ist blos die Grundfarbe etwas fahler.

Die Unterflügel haben innerhalb mehrere Striche, die eine etwas röthliche Farbe haben; die Ausschnitte der Zähne haben eine orangegelbe Einfassung, hinter jeder steht bisweilen ein verloschner purpurfarbiger Flecken, und hinter ihnen eine Reihe weißer Mondflecken. Unten stehen am Rande zwey Reihen okergelber Flecken, die der innren Reihe sind mondförmig, und der Flecken im Afterwinkel hat ein blindes Auge. Der Brustschild ist mit weißen Punkten bestreuet, und der Hinterleib hat fünf weißliche Längslinien. Die Vorderfüße sind vollständig.

Das Vaterland ist China.

24. Papilio Affimilis.

Hundert sechs und zwanzigste Kupfertafel. Fig. 4. 5.

Linn. S. N. 2. 782. 194. Pap. *nymph. phal.* alis subrepandis concoloribus nigris, punctis coerulescenti albidis, posticis punctis coccineis.

Fabr. S. E. 511. 289.

Ej. Spec. Inf. 2. 101. 445.

Ej. Mant. 2. 54. 540.

Muf. Lud. Ulr. 300.

Drury Inf. 1. 17. 3. 4.

Cramer Inf. tab. 154. A.

Clerk tab. 16. fig. 1.

Die Grundfarbe ist schwarz, mit vielen blaulich grünen länglichen Flecken und Streifen; der Rand ist glatt, hinter denselben stehen zwey Reihen weißer Punkte; unten ist die Zeichnung in nichts verschieden.

Die Unterflügel sind schwach gezahnt, innerhalb stehen viele blaugrüne halbdurchscheinende Streifen von ungleicher Größe; außerhalb ist das Feld schwarz mit fünf meist runden blutrothen Flecken, von welchen der im Afterwinkel doppelt ist, der darneben stehende hat einen schwarzen Punkt in der Mitte, und der nach dem Hinterrande zu ist der kleinste; einige weiße Punkte stehen am Rande. Unten ist die Zeichnung der obern gleich,

gleich, nur sind die Streifen viel gelber. Der Brustschild ist oben weißlich mit zwey schwarzen längsstrichen, die Brust und der Hals sind schwarz, weiß punktirt. Der Bauch ist schwarz, und hat unten drey längslinien. Die Füße sind alle zum laufen.

Das Vaterland ist China.

25.

25. Papilio affinis.

Fabr. S. E. 511. 291. Pap. *nymph. phal.* alis dentatis nigris albo maculatis, posticis subtus limbo nigro flavo alboque maculato.

Ej. Spec. Inf. 2. 102. 447.

Ej. Mant. 2. 55. 542.

Da ich diesen Schmetterling nicht kenne, so vermuthe ich auch nur, daß er hierher gehöre. Kopf, Brustschild und Brust sind schwarz, weiß punktirt. Die Oberflügel sind auf beyden Seiten gleich schwarz, auf dem Felde steht ein großer, länglicher weißer Fleck, und mehrere weiße Punkte an der Spitze. Die Unterflügel sind schwarz, das innre Feld weiß, und eine Reihe weißer Punkte hinter dem Außenrande. Unten ist das Feld weiß, mit einem breiten braunen Kreise, einer Reihe gelber und zwey Reihen weißer Punkte. Der Bauch ist oben schwarz, unten gelb.

Das Vaterland ist Neuholland.

Dritte Horde. Die Flügel sind breit, die obern kurz, die untern groß, zum Theil gezahnt. Die Farbe ist dunkel mit einer rothgelben Binde auf den Oberflügeln, unten haben die Oberflügel an der Spitze ein Auge, die untern haben zwey, auch wohl mehrere.

Die mehresten der Schmetterlinge, die ich zu dieser Horde rechne, haben eine Stelle bekommen, mit welcher ich selbst sehr unzufrieden bin. Sie können unmöglich weder zu den bunten Danaiden, noch zu den äugigten oder unäugigten Nymphen gerechnet werden, sondern sollten eigentlich unter die ungeschwänzten Ritter stehen, neben den Teucer Idomeneus und ihren Verwandten; dies beweiset sowohl der ganze Umriß und Gestalt der Flügel, als auch das Auge auf der Spitze der Unterseite der Oberflügel, und die beyden Augen auf den Unterflügeln am Hinterrande und am Afterwinkel. Da dies nun aber von meinem Vorgänger nicht geschehen ist, so wenig, wie in den Systemen, so glaube ich, sie hier noch am schicklichsten anbringen zu können. Ich muß dabey noch einmal erinnern, daß sich niemand daran stoßen darf, wenn er hier Schmetterlinge mit gezahnten und ungezahnten Flügeln beysammen antrifft; es ist dies nun einmal unvermeidlich; denn eine flüchtige Uebersicht muß es gleich einem jeden sagen, daß diese Schmetterlinge in ihrer ganzen Form und Zeichnung sich unter einander so ähnlich sind, daß sie nicht von einander getrennt werden können, wenn gleich einige gezahnte Flügel haben, zumal da dies oft nur Geschlechtsunterschied ist. Und eben dies beweiset, wie unsicher und wie wenig es der Natur gemäß sey, blos nach diesem einzigen Kennzeichen die Classifikation zu machen. Es sind unter den Rittern viele Schmetterlinge vorgekommen, die da gar nicht stehen sollten, und die ich weit schicklicher unter einer andern Familie hätte anbringen können, wenn ich mich nicht zu ängstlich ans System gebunden hätte, und so werden nun auch in der Folge manche Schmetterlinge vorkommen, die eigentlich unter den Rittern hätten stehen sollen. Da Linne und Fabricius einige dieser Familie selbst unter die bunten Danaiden gesetzt haben, z. E. Cassiae, Sophorae die doch auch etwas gezahnte Unterflügel haben, so wird ein jeder, der die übrigen mit diesen vergleicht, finden, daß sie nicht von einander getrennet werden dürfen.

---

26. Papilio Xanthus.

Hundert sieben und zwanzigste Kupfertafel. Fig. 1. 2.

Lin. S. N. 2. 767. 122. Pap. *Dan. fest iv.* alis integerrimis fuscis, fascia ferruginea, posticis subtus griseo marmoratis ocellis duobus. Mus. Lud. Ulr. 267.

Fabr. S. E. 483. 177. Spec. Ins. 2. 58. 257. Mant. 2. 28. 296.

Clerk. Icon. tab. 34. fig. 1. 2.

Seb. Mus. 4. tab. 11. fig. 1. 2. tab. 15. fig. 5. 6. tab. 20. fig. 15. 16.

Cramer Ins. tab. 183. AB.

Göze ent. Beytr. III. 1. S. 194. n. 122. Der asiatische Halbmond.

Die Flügel sind breit, die Oberflügel etwas sichelförmig ausgeschnitten, der Rand rings herum ist glatt. Die Grundfarbe ist dunkel umbrabraun. Nach der Spitze zu geht queer über die Oberflügel ein breites etwas gezacktes orangefarbiges Band, und an der Spitze stehen einige weisse Punkte neben einander. Das gelbe Band ist noch ein klein wenig auf den Unterflügeln fortgesetzt, die sonst, wie die oberen, einfarbig braun sind; nur der Aussenrand der obern ist etwas fahler, und diese blassere Farbe zieht sich auch anfangs am Rande der Unterflügel etwas herunter.

Unten ist die Zeichnung fast grade so, wie bey einigen Rittern. Die Oberflügel haben auf der inneren Hälfte ein ganz dunkles Schwarzgrün, mit schwarzen wellenförmigen Queerlinien. Die äußere Hälfte ist violetgrau, mit vielen weißlichen kurzen Queerstrichen, und zwey weißen Punkten; der Außenrand ist etwas dunkler, am breitesten in der Mitte, wo der Ausschnitt ist. Daselbst steht auch ein großes schwarzes Auge mit einem gelben Ring, und einem mondförmigen weißen Strich in der Mitte. Neben diesem Auge steht nach der Spitze zu ein runder weißer Fleck. Die Unterflügel haben eine grünlich schwarze Grundfarbe mit violetter Schattirung, und vielen, theils weißlichen, theils gelblichen in einander fassenden Queerstrichen. Am innren Rande steht am Ende ein dunkles ovales Auge mit schwarzen Sprenkeln; und am Hinterrande steht ein braunes Auge mit einem weißen mondförmigen Strich in der Mitte. Der Leib ist braun, der Hinterleib blasser; die Vorderfüße sind nur kurz.

Das Vaterland ist Asien.

27. Papilio Quiterius.

Hundert sieben und zwanzigste Kupfertafel. Fig. 3. 4.
Hundert acht und zwanzigste Kupfertafel. Fig. 1. 2.

Cram. Inſ. 31. tab. 317. A, B, C, d. Pap. alis fuſcis, anticis faſcia ferruginea, poſticis dentatis, ſubtus ocellis duobus.

Es hat dieſer Schmetterling ungemein viele Aehnlichkeit mit dem vorigen, daher auch **Fabricius** zweifelt, ob er eine eigene Art ſey, jedoch bemerkt er ſelbſt hiebey, daß die Unterflügel gezahnt ſind. Nun könnte man glauben, es laſſe ſich beydes wohl vereinigen, wenn man annehme, was von mehreren gilt, daß nemlich das eine Geſchlecht an den Unterflügeln einen glatten, das andre einen gezahnten Rand haben könne. Da aber **Cramer** beyde Geſchlechter gekannt und abgebildet hat, und bey beyden der Rand der Unterflügel gezahnt iſt, ſo wird dieſer Schmetterling alſo auch wohl als eine eigene Art anzuſehen ſeyn.

Das Weibchen, tab. 127, fig. 3. 4, iſt groß, und hat völlig die Geſtalt eines Ritters. Die Grundfarbe iſt braun, nach der Spitze zu etwas ſchwärzlich; über die Mitte der Oberflügel geht eine breite gezackte orangefarbige Binde, und an der Spitze ſteht ein weißer und ein rothgelber kleiner Flecken. Auf der Unterſeite iſt

diese

diese gelbe Binde auch sichtbar, aber verloschener, breiter und erreicht bey weiten nicht den Vorderrand, wo der Grund durch weiße, braune, röthliche Sprenkeln und Striche scheckig ist; an der Spitze steht ein großes schwarzes Auge mit einer rothgelben Einfassung, auch einige schwarze wellenförmige Queerlinien, und einige weiße Punkte; auf der untern Hälfte ist der Grund nach dem Vorderrande zu rothgelb, mit vielen schwarzer Zacken oder braunen Flecken mit schwarzer Einfassung.

Die Unterflügel sind oben braun, am Hinterrande steht noch eine kleine Fortsetzung der rothgelben Binde auf den Oberflügeln, und innerhalb geht am Rande die Farbe in verloschenes Purpurroth über, fast wie drey große zusammengelaufene Flecken. Unten ist der Grund heller braun, nach dem Leibe zu in schmutzig weiß übergehend, überall durch kleine schwarze Queerstriche gesprenkelt; sowohl am Hinterrande als nach dem After zu steht ein großes Auge, in dessen Mitte ein weißer halber Mond steht. An der Wurzel sieht man noch einige dunkle schwarz eingefaßte Flecken. Der Leib hat oben und unten die Farbe der Flügel, und die Vorderfüße sind nur kurz.

Das Männchen, Taf. 128, fig. 1. 2, ist kleiner und lebhafter von Farbe, die Unterflügel sind stärker gezahnt,

zahnt, und die gelbe Binde läuft wie eine zackigte linie über den ganzen Flügel fort, bis zum Afterwinkel hin. Unten ist zwar die Zeichnung eben wie beym Weibchen, aber die Farben sind viel greller und dunkler.

Cramer hält die großen für Männchen, und die kleineren für Weibchen, welches mir aber ganz gegen die Analogie zu seyn scheint. Er sagt zugleich, daß man wohl funfzig von der kleinen Art gegen einen einzigen von der größeren finde.

Das Vaterland ist Surinam.

---

28. Papilio Cassiopus.

Hundert acht und zwanzigste Kupfertafel. Fig. 3. 4.

Cram. Inf. 5. tab. 57. AB. Pap. alis fuscis posticis dentatis, fascia ferruginea, subtùs apice, posticis duobus ocellis.

Es hat dieser Schmetterling die gröſste Aehnlichkeit mit dem obigen Xanthus, nur sind die Oberflügel etwas länglicher und die Unterflügel gezahnt; es kann indessen wohl seyn, daſs beyde die verschiedenen Geschlechter einer Art sind. Die Grundfarbe ist oberhalb ein schlichtes Dunkelbraun; die Oberflügel haben eine breite rothgelbe zackigte Queerbinde, und an der Spitze drey kleine mondförmige weiſse Punkte; der Auſsenrand ist etwas rothgelb angeflogen.

Unten sind die Oberflügel gelbgrau, nach auſsen zu bräunlich, mit vielen weiſslichen und dunkleren Queerstrichen, auch einer weiſsen Binde auf der Mitte, einigen zackigten weiſsen Flecken, und einem blauen schwarz eingefaſsten Flecken nach der Wurzel zu. An der Spitze steht ein blindes gelb eingefaſstes Auge, und 2 schwarze dreyeckige Punkte. Die Unterflügel haben ein lichtes Braun, mit dunkleren Punkten, und einigen weiſslichen Schattirungen; ein gelbrother Augenfleck steht nach dem Leibe zu, und ein groſser brauner mondförmiger mit einem weiſsen Halbmondstrich am Hinterrande.

Das Vaterland ist China.

29. Papilio Cassiae.

Hundert neun und zwanzigste Kupfertafel. Fig. 1. 2. 3.

Lin. S. N. 2. 767. 120. Pap. alis integerrimis fuscis, primoribus posticarumque margine fascia ferruginea, omnibus subtus ocellatis.

Mus. Lud. Ulr. 265.

Fabr. S. E. 483. 178. Pap. alis subintegris fuscis, fascia ferruginea apice bifida, posticis subtus cinereis ocellis duobus.

Ej. Spec. Ins. 2. 88. 258.

Ej. Mant. 2. 28. 297.

Cram. Ins. 9. tab. 105. AB. foem. tab. 106. A. mas.

Clerk Icon. tab. 34. fig. 3. 4.

Merian Surin. tab. 32.

Seba IV. tab. 15. fig. 3 - 6.

Götze ent. Beytr. III. 1. 193. 120. Der Kassienpapillon.

Das Weibchen dieses Schmetterlings, fig. 1. 2, ist viel größer als das Männchen, die Grundfarbe ist dunkelbraun. Auf den Oberflügeln steht in der Mitte eine queerdurchlaufende gelbrothe Binde, die nach dem Hinterrande zu schmäler wird; nahe an der Spitze stehen zwey kleine weiße Flecken. Unten ist die Grundfarbe auf der untern Hälfte braun, doch heller als oben, mit vielen schwarzen Zügen und einigen eckigen weißlichen

chen Flecken; die obere Hälfte ist weißlich, mit bräunlichen Sprenkeln, und einem großen schwarzen Auge an der Spitze, das einen okergelben Umkreis und einen mondförmigen Strich in der Mitte hat. Die Unterflügel sind oben schlicht braun, hinten am Außenrande ist die gelbe Binde der Oberflügel noch etwas fortgesetzt, verliert sich aber allmählig ganz. Unten ist die Grundfarbe hellbraun mit unzähligen weißlichen kleinen Strichen und Punkten gesprenkelt; der Außenrand ist etwas gezahnt, und hinter demselben steht eine etwas verloschene rothgelbe Binde. Fast auf der Mitte, doch etwas mehr nach dem Afterwinkel zu, steht ein rundes blindes Auge, und ein größeres, das fast so aussieht, als wäre es aus zweyen zusammengeflossen, steht am Hinterrande; an der Wurzel einige schwarze Züge. Der Leib hat oben und unten die Farbe der Flügel, und die Vorderfüße sind nur kurz.

Das Männchen, fig. 3, ist viel kleiner; die gelbrothe Binde auf den Oberflügeln ist am Vorderrande gespalten, und also doppelt, auch läuft sie auf den Unterflügeln hinter den Außenrand fort bis zum Afterwinkel hin. Unten ist er dem Weibchen gleich, nur ist die Farbe lebhafter und gedrungener.

Die Raupe dieses Schmetterlings lebt in Surinam auf der Cassie, eine Pflanze, die die Holländer

Slaapertjes oder Schläfer nennen, weil des Nachts sich immer zwey und zwey Blätter so dicht auf einander legen, als wenn sie nur ein einziges Blatt ausmachten; man braucht sie zur Heilung der Wunden, und sie wächst etwa 6 Fuß hoch, trägt kleine gelbe Blumen, die nachher schmale lange Schoten geben, in welchen viele kleine Körner sind. Die Raupe ist grün, mit rosenrothen Streifen; der Kopf ist vorne breit, und er geht oben in zwey starke Hörner aus, am Ende des Schwanzgliedes stehen zwey lange Dornen, die über einen halben Zoll lang sind. Die Raupe ist dick, und über zwey Zoll lang. Zu Ende des Maymonaths verwandelt sie sich zur Puppe, welche roth mit Silberflecken ist. Zu Anfang des Junius kommt der Schmetterling heraus.

30. Papilio Sophorae.

Hundert neun und zwanzigste Kupfertafel. Fig. 4. 5.

Lin. S. N. 2. 767. 121. Pap. Dan. fest. alis integerrimis fuscis, fascia ferruginea, posticis subtus brunneis ocellis tribus.

Muf. Lud. Ulr. 266.

Fabr. S. E. 483. 176.

Ej. Spec. Inf. 2. 58. 256.

Ej. Mant. 2. 28. 295.

Cram. Inf. 22. tab. 253. AB. foem.

Clerk icon. tab. 35. fig. 3.

Merian. Surin. tab. 35.

Rösel Inf. 4. tab. 4. fig. 1. 2.

Seb. Muf. 4. tab. 11. fig. 3-6. 7-9. tab. 15. fig. 10. 11.

Götze ent. Beytr. III. 1. S. 193. n. 121. Der Sophorapapillon.

Es ist dieser Schmetterling dem vorigen ungemein ähnlich, aber die Raupe ist ganz verschieden. Die Grundfarbe der Flügel des Weibchen oberhalb ist dunkelbraun, am Außenrande blasser; die Oberflügel haben eine breite gelbrothe Binde auf der Mitte, die sich am Vorderrande etwas spaltet; diese Binde setzt sich auch obgleich schmaler auf den Unterflügeln fort, bis zum Afterwinkel hin; nach der Merianschen Zeichnung bricht aber diese Binde auf der Mitte schon ab. Unten ist gleichfalls auf den Oberflügeln diese Binde, der Grund ist blasser, und an der Spitze steht ein kleines schwarzes Auge mit zwey weißen Punkten, auch stehen nebenbey noch einige weiße Punkte, und zwey schwarze wellenförmige Striche am Außenrande. Die Unterflügel sind blasser braun mit zwey Augen, das eine am Hinterrande, das andre nach dem Afterwinkel zu, beyde haben einen weißen mondförmigen Strich. Der Leib hat oben und unten die Farbe der Flügel.

Das Männchen, Taf. 130, fig. 1, ist etwas kleiner, die Grundfarbe schlichtbraun. Durch die Oberflügel läuft eine breite zackigte Binde, die an den Rändern mit der Grundfarbe vermischt ist. Auf den Unterflügeln läuft sie schmaler bis zum Afterwinkel hin, ist etwas verloschen, und die Grundfarbe nach dem Leibe zu röthlich. Unten ist der Unterschied vom Weibchen nicht erheblich.

Die Raupe lebt auf einem surinamschen wildwachsenden Baume, dessen Blumen den Pfirschblüten ähnlich sind, die Frucht aber wie die Kugeln am Rosenkranz an einander hangen; man findet sie aber auch häufig auf den Palmbäumen. Sie ist roth mit braunen Flecken, und wird an 3 Zoll lang. Diese Raupen machen gemeinschaftlich von Seide einen Sack, der fast eine halbe Elle lang ist, und hängen ihn an den Blättern

nahe

nahe den Früchten fest; den Tag über bleiben sie in diesen Sack verborgen, und nur des Nachts gehen sie heraus, um Nahrung zu suchen. Im April hängt sich die Raupe an den Baum an, und verwandelt sich in eine schön gefärbte Puppe, aus welcher noch in eben diesem Monath der Schmetterling auskriecht.

---

31. Papilio Oethon.

Fabr. Spec. Inf. 2. 59. 260. Pap. Dan. fest. alis integerrimis fuscis, striga marginali fulva, posticis subundatis ocellis septem.

Ej. Mant. 2. 28. 299.

Er hat die ganze Gestalt des P. Cassiae; die Vorderflügel sind braun mit einem rothgelben Strich an der Spitze, und einigen weissen Punkten; unten steht ein kleines schwarzes Auge. Die Unterflügel sind oben braun mit einem rothgelben Strich am Rande; unten haben die Flügel weiße und braune verloschene wellenförmige Striche und sieben Augen.

Das Vaterland ist Surinam.

32. Papilio Berecynthius.

Hundert dreyßigste Kupfertafel. Fig. 2. 3.

Fabr. Spec. Inf. 2. 59. 259. Pap. Dan. fest. alis integerrimis supra atris, fascia marginali flava, subtus posticis maculis sex ocellaribus.

Ej. Mant. 2. 28. 298.

Cram. Inf. 16. tab. 184 fig. B. C.

Seb. Mus. 4. tab. 13. fig. 2. 3.

Göze ent. Beytr. III. 1. S. 220. 67.

Er ist groß, die Grundfarbe ist dunkelbraun, etwas ins Rothe spielend. Nicht weit vom Außenrande läuft durch alle Flügel eine schmale, gezackte, rothgelbe Binde, die aus Flecken zusammengeflossen zu seyn scheint; oben an der Spitze stehen noch einige weiße Punkte. Unten ist die Grundfarbe heller braun, mit etwas roth versetzt; die Oberflügel sind an der Wurzel bis zur Mitte herauf dunkelbraun, mit zwey rothbraunen Binden; die obre Hälfte hat viele kleine weiße Striche und Sprenkeln, und an der Spitze ein kleines Auge, mit einer gelben Einfassung; der Außenrand aller Flügel ist schmutzig grün braun. Die Unterflügel haben gleichfalls viele weiße und bräunliche Striche, und 6 Augen, mit einer gelben und rothen Einfassung; das am Afterwinkel zunächst steht, ist das größte, die folgenden werden immer kleiner, die drey ersten haben einen

weißen

weissen Mond, die beyden folgenden sind blind, und das letzte am Hinterrande ist wieder groß mit einem weissen Mond. Der Leib ist braun, die Füße sind schwarz, das erste Paar kurz. Beym Männchen steht unten nahe an der Wurzel der Unterflügel ein Haarbüschel, der dem Weibchen fehlt, welches außerdem fast noch ein Drittel grösser ist.

Das Vaterland ist Surinam.

33.

33. Papilio Medon.

Hundert dreyßigste Kupfertafel. Fig. 4. 5.

Lin. S. N. 2. 753. 43. Pap. *Equ. achiv.* alis supra nigris, anticis fascia lutea apiceque albo, posticis disco coerulescentibus.

Amoen. Acad. 6. 402. 53.

Fabr. S. E. 456. 55.

Ej. Spec. Inf. 2. 22. 89.

Ej. Mant. 2. 11. 102.

Cram. Inf. 17. tab. 205. fig. B. C.

Drury Inf. 2. tab. 15. fig. 1. 2.

Clerk icon. tab. 28. fig. 1.

Götze ent. Beytr. III. 1. S. 66. n. 43. Die indianische Weißspitze.

Die Aehnlichkeit dieses Schmetterlings mit dem vorigen, sowohl in der Zeichnung als im Umriß, fordert auch, sie neben einander zu stellen, und da er in den Systemen unter die griechischen Ritter gesetzt ist, so beweiset dieses, daß die Verfasser es selbst gefühlt haben, daß diese Schmetterlinge zu den Rittern gehören. Es hat dieser Schmetterling ganz die Gestalt der übrigen dieser Familie, weicht aber dadurch von ihnen ab, daß die Flügel unten keine Augen haben. Die Grundfarbe ist oben dunkelbraun, die Oberflügel haben eine breite gelbrothe Binde, die aber nicht bis zum Hinterrande

reicht;

reicht; die äusserste Spitze ist weiß. Die untern Flügel haben auf der Mitte eine blaue Binde, die sich auch noch etwas auf dem Oberflügel fortsetzt. Auf der Unterseite ist die Grundfarbe grünlich grau, die gelbe Binde der Oberflügel ist auch hier sichtbar, aber etwas fahl oder verloschen, fast nur gleichsam als durchscheinend; die Spitze ist auch hier weiß, und an der Wurzel stehen drey schwarze Punkte. Die Unterflügel haben auf der Mitte vom Hinterrande an bis zur Mitte des Feldes einen weißen Strich, näher nach dem Rande zu steht eine wellenförmige, ganz verloschene dunkle Binde, und an der Wurzel drey schwarze Punkte. Der Leib hat oben und unten die Farbe der Flügel.

Das Vaterland ist Indien.

34. Papilio Anaxarethus.

Hundert ein und dreyßigste Kupfertafel. Fig. 1-4.

Cram. Inf. 8. tab. 95. fig. AB. mas. tab. 374. AB. foem. Pap. alis fusco nigris maculis albidis, subtus luteis, ocello unico.

Götze ent. Beytr. III. 1. S. 213. n. 36. Der Keilträger.

Daß dieser Schmetterling zu dieser Familie gehöre, beweiset die Gestalt, und das Auge auf der Unterseite der Unterflügel, nur weicht er dadurch von den übrigen ab, daß er keine rothgelbe Binde auf den Oberflügeln hat. Das Männchen, fig. 1. 2 ist zwar groß, aber doch bey weitem nicht so groß, als das Weibchen. Die Grundfarbe ist oberhalb dunkelbraun mit einem violetten Wiederschein; die Oberflügel haben auf der äußern Hälfte mehrere gelblich weiße Flecken, die theils eyrund, theils keilförmig sind. Die Unterflügel haben nach dem Hinterrande zu einen weißlichen Außenrand, auch eine Reihe weißer Staubpunkte. Unten sind die Oberflügel auf der Vorderhälfte der Länge nach gelbroth, mit gelben und braunen Sprenkeln bestreuet, auch einige verloschene weiße Flecken, die Hinterhälfte ist braun mit weißen eyrunden unten zugespitzten Flecken. Die Hinterflügel sind gelb und rothgelb gesprenkelt, mit einigen verwischten braunen Flecken, und einem Augenflecken mit einem weißen Mond nahe am Afterwinkel. Der Leib ist oben braun, unten gelb, die Füße braunroth.

Das Weibchen, fig. 3. 4, ist fast noch einmal so groß, oben braun; die Oberflügel haben auf der äußern Hälfte viele weiße Flecken von verschiedener Gestalt, eckig, rund, zugespitzt, gekrümmt; der Außenrand ist grünlich weiß; die Unterflügel sind etwas gezahnt, weiß gerandet, auf der Mitte stehen drey in einander geflossene keilförmige Flecken. Unten sind die Oberflügel wie beym Männchen halb gelb und roth gesprenkelt, halb braun mit mehreren weißen Flecken; die Unterflügel haben außer dem Auge noch zwey große und einen kleinen blinden Augenfleck, der weiß gesprenkelt ist; beym Männchen findet man sie auch wohl, aber bey weitem nicht so deutlich.

Das Vaterland ist Surinam.

Vierte Horde. Die Flügel haben einen dunkeln Grund mit gelbrothen Binden oder Flecken, aber unten keine Augen; bisweilen steht aber an der Wurzel der Oberflügel eine Art von blindem Auge.

35. Papilio Marthesius.

Hundert zwey und dreyßigste Kupfertafel. Fig. 1. 2.

Fabr. Spec. Inf. 2. 60. 264. Pap. Dan. fest. alis integris atris, anticis disco fulvo, posticis striga punctorum alborum.

Ej. Mant. 2 28. 304.

Cram. Inf. 16. tab. 191. AB.

Die Flügel dieses Schmetterlings haben zwar einen glatten Rand, aber die Oberflügel sind doch nicht rund zu nennen, weil sie etwas sichelförmig ausgeschnitten sind, weshalb die Spitze etwas spitz zuläuft. Die Grundfarbe ist schwarz, auf der Mitte ohngefähr steht eine breite gezackte gelbe Binde, die aber nicht bis zum Hinterrande reicht; von dieser Binde an bis zur Wurzel ist die Fläche rothgelb, doch so, daß am Hinterrande ein starker Ausschnitt schwarz bleibt; nach dem Außenrande und der Spitze zu stehen einige weiße blau schillernde Punkte. Die Unterflügel sind schwarz, an der Wurzel rothgelb, und daselbst, so wie am innren Rande, mit rothgelben Haaren besetzt. In einiger Entfernung vom Außenrande steht eine Reihe weißer Punkte, auch ist die schwarze Grundfarbe mit blauem Staube bestreuet. Auf der Unterseite sind die Oberflügel fahl rothgelb, an der Spitze verloschen braun, mit dunkleren gelben und braunen Punkten bestreuet, auch stehen an der Spitze blaue Streupunkte, die hie und da kleine Flecken bilden, und nahe am Vorderrande steht ein weißer Flecken, und auf denselben wieder ein blauer. Die Unterflügel haben eine seltsame Mischung von blau, mit einem grünen Wiederschein, gelb, und braun, und die ganze Fläche ist mit dunkleren Punkten bestreuet. Der Leib ist oben rothgelb, unten braun, die Füße sind bläulich, die Vorderfüße kurz.

Das Vaterland ist Surinam.

36. Papilio Orion.

Fabr. S. E. 485. 185. Pap. Dan. fest. alis integerrimis, anticis falcatis rufis, apice nigris macula marginali alba.

Ej. Spec. Inf. 2. 62. 274.

Ej. Mant. 2. 29. 315.

Er ist groß, die Fühlhörner gehen nach außen dikker zu, der Leib ist braun, die Vorderflügel sind sichelförmig, rothgelb, an der Spitze breit schwarz, am dicken Rande steht ein weißer Flecken; unten sind sie scheckig, mit einem wellenförmigen schwarzen Strich. Die Unterflügel sind rund, schwarz, an der Wurzel etwas rostfarbig, der Außenrand blaß; unten sind sie scheckig, mit einem wellenförmigen schwarzen Strich.

Das Vaterland ist Surinam.

Da ich diesen Schmetterling nicht kenne, so kann ich es auch nur als eine Vermuthung anmerken, daß dieser Schmetterling schon unter den Rittern unter den Namen Odius vorgekommen ist.

37. Papilio Aeropus.

Hundert zwey und dreyßigste Kupfertafel. Fig. 3. 4.
Hundert drey und dreyßigste Kupfertafel. Fig. 1. 2.

Lin. S. N. 2. 769. 128. Pap. Dan. fest. alis integerrimis fuscis fascia lutea, anticis subtus basi ocello unico.

Mus. Lud. Ulr. 256.

Fabr. S. E. 486. 190.

Ej. Spec. Inf. 2. 64. 287.

Ej. Mant. 2. 31. 332.

Cram. Inf. 10. tab. 111. F. G. mas. tab. 254. AB. foem.

Seb. Mus. 4. tab. 9. fig. 3. 4.

Clerk ic. tab. 39. fig. 1. 2.

Götze ent. Beytr. III. 1. 199. 128. Das Einauge.

Das Männchen dieses Schmetterlings ist viel kleiner, als das Weibchen; die Grundfarbe der Flügel ist schwarzbraun, der Rand glatt, vom Afterwinkel an bis zum Vorderrande der Oberflügel geht eine rothgelbe aus Flecken zusammengelaufene Binde, die sich am Vorderrande in mehrere kleine länglich runde rothgelbe Flecken zertheilt. Unten ist die Grundfarbe fahl gelbbraun, mit braun und schwarzscheckig, auch sind hie und da weiße kleine Flecken hingestreuet, und unten an der Wurzel der Oberflügel steht ein schwarzes Auge mit einer blauen Iris. Auf den Unterflügeln stehen an der Wurzel einige

nige schwarze und weiße Flecken, und nach dem Außenrande zu eine Reihe von sieben schwarzen Flecken. Der Leib hat oben und unten mit den Flügeln gleiche Farbe.

Das Weibchen, Taf. 133, fig. 1. 2, ist viel größer, die Grundfarbe dunkler braun, die gelbe Binde größer und blasser, erreicht aber kaum die Mitte der Oberflügel, wo sie sich in gelbe und weiße Flecken zerstreuet; nach dem Vorderrande zu steht auf der Mitte ein braungelber Punkt. Die Unterflügel sind ganz schwach gezahnt. Unten ist die Grundfarbe der Oberflügel schmutzig erdfarbig, mit eyrunden weißen Flecken bestreuet, auch einigen blaulichen um das Auge an der Wurzel herum. Die Unterflügel sind gelbroth, am Außenrande dunkelbraun; die sieben schwarzen Flecken sind größer und rund; an der Wurzel stehen gleichfalls weiße Flecken, und hie und da ein schwarzer.

Das Vaterland ist Amboina.

38. Papilio Antiochus.

Hundert drey und dreyßigste Kupfertafel. Fig. 3. 4.

Lin. S. N. Mant. 1. 537. Pap. *Dan. fest.* alis integerrimis rotundatis nigris, supra fascia communi fulva.
Fabr. S. E. 480. 164.
Ej. Spec. Inf. 1. 53. 233.
Ej. Mant. 2. 26. 270.
Cram. Inf. 12. tab. 145. B. C. Pap. *Eupalemon.*
Drury Inf. 3. tab. 7. fig. 3. 4.
Aubent. tab. 68. fig. 3. 4.

Er ist nicht groß, der Rand der Flügel glatt, bey den Oberflügeln etwas ausgeschnitten. Die Grundfarbe ist schwarz, und auf der Mitte steht eine rothgelbe breite gemeinschaftliche Binde, die auf den Oberflügeln nur bis auf die Mitte des Feldes geht, auf den Unterflügeln aber meist bis an den innern Rand reicht; der Leib ist braun, der Hinterleib gelbroth.

Unten ist die Farbe röthlich grau, mit einigen helleren und dunkleren Schattirungen, der Außenrand etwas lebhafter roth; der Leib und die Füße sind weißlich.

Das Vaterland ist Surinam.

39. Papilio Syphax.

Hundert vier und dreyßigste Kupfertafel. Fig. 1. 2.

Fabr. S. E 48, 165. Pap. Dan. fest alis integerrimis atris anticis fascia alba posticis rubra marginali.

Ej Spec. Inf. 2. 53. 234.

Ej. Mant. 2. 26. 271.

Cram. Inf. 19. tab. 223. CD. Pap. Harmodius.

Die Grundfarbe der Oberflügel ist ein dunkles Braunroth; auf der Mitte steht ein nicht sehr breites, gelbes Queerband, dessen Ränder etwas dunkler sind. Etwas mehr nach der Spitze zu stehen drey kleine gelbe Punkte, und ihnen meist zur Seite, doch ein wenig niedriger am Vorderrande ein gelber etwas breiter Queerstrich; der Außenrand ist glatt und fein befranzt. Die Unterflügel sind gleichfalls braun, doch außerhalb zinnoberroth, welche Farbe nach dem Leibe zu fast die ganze äußre Hälfte des Flügels einnimmt, sich aber, wie eine immer schmäler werdende Binde nach dem Hinterrande hinzieht; der Außenrand selbst ist glatt und dunkelbraun. Der Leib ist braun, an der Brust in grün schillernd. Unten sind die Oberflügel dunkelbraun; auf der Mitte steht eine breite weiße Queerbinde, und darüber noch eine kleinere abgebrochene, die aus weißen Flecken besteht, von welchen einige abgesondert stehen; nach dem Außenrande zu steht eine Reihe gelbrother Flecken. Die Un-

Unterflügel sind braun mit einigen dunkleren Schattirungen; nach dem Außenrande zu steht eine rothe oft abgebrochene Fleckenbinde, die am Leibe am breitesten ist, und nach dem Hinterrande zu sich in einzelne kleine rothe Flecken endiget. Der Leib ist unten mit fahlen röthlichen Haaren besetzt. Die Fühlhörner haben einen langgezogenen rothgelben zugespitzten Knopf.

Das Vaterland ist Surinam.

40.

40. Papilio Licus.

Hundert vier und dreyßigste Kupfertafel. Fig. 3. 4.

Fabr. Mant. 2. 26. 273. Pap. Dan. fest. alis integerrimis fuscis, anticis fasciis duabus, posticis unica albis maculisque rubris subtus cinereis albo fasciatis.
Cram. Inf. 19. tab. 223. AB.
Drury Inf. 1. tab. 16. fig. 1. 2.
Merian. Sur. tab. 36.
Seba IV. tab. 19. fig. 11. 12. tab. 21. fig. 10.

Es hat dieser Schmetterling ein etwas rauhes Ansehen, weil die Schuppen etwas grob aufgestreuet sind. Die Grundfarbe ist schmutzig braun schwarz; über die Mitte der Oberflügel geht ein schmales weißes Band; der Außenrand ist haarig. Auf den Unterflügeln steht eine breite weiße Binde, die am Afterwinkel am breitesten ist, und nach dem Hinterrande spitzig zuläuft. Am Außenrande steht eine Reihe von vier bis fünf orangegelben runden Flecken, von welchen die mittelsten die größten sind. Der Rand selbst hat eine Einfassung von weißen Haaren. Das Brusistück ist braunschwarz, der Hinterleib hauptsächlich am Ende weiß. Unten sind die Oberflügel in der Mitte dunkel braunschwarz, ringsherum fahler braun; die weiße Binde ist auch hier, und nach der Spitze zu stehen mehrere zum Theil zusammengeflossene weiße Flecken. Die Unterflügel sind greisbraun;

braun; die weiße Binde ist auch hier, nur etwas schmaler, am Rande stehen einige gelbrothgraue Schattirungen. Der Leib ist greis.

In der Merianschen Abbildung steht über der Binde auf den Oberflügeln noch eine andre, die aus Flecken zusammengelaufen ist, aber nicht bis zum Hinterrande reicht. Vielleicht ist dies nur bey dem einen Geschlechte zu finden, denn auf meinem Exemplare ist diese Binde nicht.

Die Raupe dieses Schmetterlings ist groß, braun mit weißen und schwarzen Flecken. Sie lebt auf einer unbekannten Pflanze in Surinam, die der Tabakspflanze ähnlich ist, eine schöne weiße Wurzel hat, und eine weiße Blume wie eine Tuberose. Den 14ten April verwandelte sie sich zur Puppe, und den 26sten kam der Schmetterling heraus.

41. Papilio Gripus.

Hundert fünf und dreyßigste Kupfertafel. Fig. 3. 4.

Fabr S. E. App. 829. Pap. Dan. festiv. alis integris subfuscis subtus striga punctorum alborum.

Ej. Spec. Inf. 2. 58. 255.

Ej. Mant. 2. 28. 294.

Cram. Inf. 16. tab. 183. CD. Pap. *Eumea*.

Drury Inf. 1. tab. 2. fig. 3.

Die Flügel haben ein lichtes Rothbraun, und auf den Oberflügeln steht eine breite verloschene rothgelbe Binde, deren Ränder mit der Grundfarbe sanft verwischt sind; die Unterflügel haben einen schwach gezahnten Rand.

Unten ist die Farbe schmuzig braun, nur die Spitze der Oberflügel ist rothgelb. Durch die Mitte der Flügel läuft eine Reihe weißer runder Flecken, und hinter derselben nach der Wurzel zu ein schwarzer etwas wellenförmiger Strich. Der Leib ist oben rothbraun, unten heller, die Füße sind dunkelbraun.

Das Vaterland ist China.

42. Papilio Opis.

Hundert drey und vierzigste Kupfertafel. Fig. 3. 4.

Fabr. Spec. Inf. 2. 97. 428. Pap. alis dentatis, fuscis, anticis flavo reticulatis, posticis fasciatis.

Ej. Mant. 2. 53. 521.

Drury Inf. 3. tab. 18. fig. 5. 6.

Cram. Inf. 12. tab. 138. AB.

Fabricius giebt die Flügel als gezahnt an, und setzt daher diesen Schmetterling unter die Nymphen, da doch die Abbildung den Rand als glatt anzeiget. Durch ein Versehen des Kupferstechers ist auf der 136sten Tafel, fig. 1. 2, ein Schmetterling unter dem Namen Opis gestochen, der gar nicht der rechte, sondern Pap. Circeis ist, der schon auf der 81sten Tafel vorgekommen ist. Diesen Fehler wieder gut zu machen, habe ich den wahren Opis auf der 143sten Tafel, fig. 3. 4, vorgestellt. Die Grundfarbe der Flügel ist Chocoladenfarbe, mit gelblichen Linien netzförmig durchzogen. Von der Mitte der Oberflügel an geht eine gelbe Binde durch beyde Flügel, bis an den Hinterleib. Sechs kleine weiße Punkte stehen vom Anfang der Binde an, bis nach den Vorderrand hin. Der Leib ist braun.

Unten sind die Oberflügel greis mit braunrothen Wolken, hauptsächlich am Ende. An der Mitte des Außenrandes ist eine gelbe Schattirung, und an der

Mitte des Hinterrandes eine von blasser Thonfarbe. Auf den Unterflügeln ist ein Drittel von der Wurzel an auch greis, das übrige blaßgelb, am Hinterrande braun, von wo aus auch einige braune Linien über das Feld laufen.

Das Vaterland ist Sierra Leona in Afrika.

43. Papilio Phaerusus.

Hundert sechs und dreyßigste Kupfertafel. Fig. 3. 4.

Lin. S. N. 2. 780. 180. Pap. *Nymph. phal.* alis dentatis fulvis, fasciis tribus fuscis; antiearum longitudinalibus.

Mus. Lud. Ulr. 293.

Fabr. S. E. 509. 280.

Ej. Spec. Inf. 2. 98. 434.

Ej. Mant. 2. 54. 527.

Cram. Inf. 11. tab. 130. BC.

Rösel Inf. 4. tab. 2. fig. 1.

Seba IV. tab. 28. fig. 17. 18.

Die Gestalt der Flügel kommt den Helikoniern nahe; er wird in den Systemen unter die Nymphen gesetzt, und die Flügel als gezahnt angegeben, welches doch blos von den Unterflügeln gilt, die doch auch nur schwach gezahnt sind. Auch wird die gelbrothe Farbe für die Grundfarbe gehalten, und die schwarze für Binden, welches der Analogie zuwieder ist, wenn auch gleich die gelbrothe Farbe den größten Theil der Flügel einnimmt. Ich nehme also den Grund für schwarz an, und darauf stehen zwey breite rothgelbe Längsstreifen, die erst grade vom Außenrande bis auf die Mitte gehen, alsdann einen stumpfen Winkel machen, und nach der Wurzel etwas zugespitzt hinlaufen. Die Unterflügel haben

haben zwey breite rothgelbe Queerbinden; die untere nimmt die ganze untre Hälfte des Flügels ein; die äussere ist schmaler, und fließt am innren Rande mit der untern zusammen; am Außenrande steht paarweise eine Reihe rothgelber Punkte. Die Oberfläche des Leibes ist rothgelb.

Unten sind die Oberflügel eben so gezeichnet wie oben, nur ist die Farbe etwas fahler; die Unterflügel haben zwey schmalere gelbe Binden, deren Ränder rothgelb sind; der Hinterrand ist gelb; am Außenrande steht eine Reihe gelber mondförmiger Striche. Der Leib ist unten dunkel, die Füße sind rothgelb.

Das Vaterland ist China.

44. Papilio Epitus.

Hundert sechs und dreyßigste Kupfertafel. Fig. 5.

Cram. Inſ. 23. tab. 270. C. Pap. alis integerrimis rotundatis fuſco nigris, anticis faſcia flava, poſticis baſi ferrugineis.

Seb. IV. tab. 27. fig. 5. 6.

Es muß dieſer Schmetterling nicht mit dem Epitus des Fabricius verwechſelt werden, als welcher gar nicht zu dieſer Familie gehört, und den Cramer gleichfalls Epitus genannt hat, ſo daß dieſer Name zweymal vorkommt, ich werde ihm aber deshalb einen andern Namen geben, um eine leicht daraus entſtehende Verwechſelung zu vermeiden. Es iſt dieſer Schmetterling in Vergleichung der meiſten vorhergehenden nicht groß, die Flügel ſind rund, und der Rand iſt glatt. Die Grundfarbe iſt braunſchwarz; auf der Mitte der Oberflügel ſteht eine breite gelbe Binde, die aber den Vorder- und Hinterrand nicht berührt. Die Unterflügel ſind von der Wurzel an bis etwas über die Hälfte rothgelb, und dieſe Farbe pflanzt ſich auch noch am Hinterrande der Oberflügel etwas fort, ſo daß das ganze einem großen runden rothgelben Flecken ähnlich ſieht. Der Leib iſt oberhalb dunkelbraun.

Unten ist die Zeichnung eben so, nur sind die Farben viel fahler und blasser. Die Vorderfüße sind nur kurz.

Das Vaterland ist Surinam.

45. Papilio Pelasgus.

Hundert sechs und dreyßigste Kupfertafel. Fig. 6.

Fabr. Spec. Inf. 2. 54. 236. Pap. Dan. festiv. alis integerrimis concoloribus, anticis virescentibus, fascia fulva, posticis nigris immaculatis.
Ej. Mant. 2. 26. 274.
Cram. Inf. 17. tab. 202. D.

Die Flügel dieses Schmetterlings sind rund, der Rand glatt, die Grundfarbe der Oberflügel ist schwarzbraun, mit einem schmutzig grünen Wiederschein; mitten durch die Flügel läuft eine gelbe nicht sehr breite Binde, die hie und da mit rothgelb schattirt ist. Die Unterflügel sind schlicht schwarzbraun, ohne irgend eine Zeichnung, sondern nur mit einem violetten Wiederschein. Die Fühlhörner sind schwarz, und am Ende hakenförmig zugespitzt; der Leib ist braunschwarz.

Unten ist die Zeichnung wie oben, nur daß die Farben etwas blasser sind.

Das Vaterland ist Surinam.

46. Papilio Eualthus.

Hundert sieben und dreyßigste Kupfertafel. Fig. 1. 2.

Fabr. S. E. 480. 166. Pap. *Eualthe* alis integerrimis fuscis anticis fasciis duabus flavis, posticis fascia flava rubraque.

Ej. pec. Inf. 2. 53. 235. Pap. Dan. fest. alis integerrimis fuscis anticis fasciis duabus, posticis unica albis maculisque rubris.

Ej. Mant. 2. 26. 272.

Cram. Inf. 2. tab. 17. EF. Pap. *Dardanus.*

Götze ent. Beytr. III. 1. S. 202. n. 4. Die indianische gelbe Doppelbinde.

Die Grundfarbe ist dunkel schwarzbraun, und der Rand der Flügel ist glatt. Die Oberflügel gehen etwas spitz aus. Fast auf der Mitte steht ein nicht breites gelbes Band, welches aber nicht völlig den dicken Vorderrand erreicht; am andern Ende berührt es den Hinterrand. Ueber demselben steht eine noch schmalere gelbe Binde, die aber nur vom Vorderrande bis auf die Mitte des Feldes geht. Auf der Mitte der Unterflügel steht auch eine schmale gelbe Binde, die sich innerhalb nach den Afterwinkel herunter biegt, und sich am Ende in einen blutrothen Flecken verliert. Am Außenrande steht eine Reihe rother Punkte, die am innren Rande etwas in einander fließen; der Rand der Flügel ist röthlich.

Unten sind die Oberflügel eben so, wie oben, nur ist die Spitze mit feinen rothen Punkten bestreuet. Die Unterflügel sind rothgelb, mit noch röthern Punkten bestreuet, und durch die Mitte läuft eine Reihe gelber Flecken. Der Leib ist mit röthlichen grauen Haaren besetzt, und die Fühlhörner haben einen sehr lang gezogenen Knopf.

Das Vaterland ist Westindien.

47. Papilio Cupavia.

Hundert sieben und dreyßigste Kupfertafel. Fig. 3. 4.

Fabr. Spec. Inſ. 2. 60. 263. Pap. Dan. feſt. alis integris atris albo maculatis, poſticis ſubtus griſeis, faſcia utrinque alba.

Ej. Mant. 2. 28. 302.

Cram. Inſ. 17. tab. 193. EF.

Dieſer Schmetterling hat kurze breite Flügel, und die untern ſind groß; der Rand iſt rings herum glatt; die Grundfarbe iſt ſchwarz; auf den Oberflügeln liegen viele große und kleine weiße Flecken zerſtreut umher, auch ſteht am Außenrande eine Reihe weißer Punkte. Die Unterflügel haben nahe an der Wurzel eine breite gezackte weiße Binde, die aber nicht bis an den Hinterrand reicht; am Außenrande ſtehen gleichfalls weiße Striche, und hinter denſelben zwey Reihen ganz verloſchner weißer Flecken.

Unten ſind die Oberflügel eben ſo wie oben, nur haben die Spitzen eine weiße Schattirung. Die Unterflügel aber ſind greis, und die weiße Binde iſt auch hier zu ſehen.

Es iſt dieſer Schmetterling dem Cramerſchen P. heliodora ziemlich ähnlich, nur haben bey dieſem letzten die Flügel eine andre Geſtalt.

Das Vaterland iſt Guinea.

48. Papilio Perseis.

Hundert sieben und dreyßigste Kupfertafel. Fig. 5. 6.

Drury Inſ. 2. tab. 21. fig. 3. 4. Pap. alis anticis fuscis flavo maculatis, posticis subdentatis sanguineis margine fusco.

Die Oberflügel sind schwarz, die Spitze weiß gerandet; auf der Mitte des Feldes stehen zwey blaß citronengelbe Flecken, der eine rund, der andere länglich rund, und neben diesen breitet sich ein großer rother Flecken aus bis zum Hinterrande; nach der Spitze zu steht noch eine gelbe Binde, die aber die Ränder nicht berührt. Nach der Wurzel zu steht ein kleiner rother Fleck. Die Unterflügel sind roth, etwas verschossen, mit einem breiten schwarzen Rande, auf welchem der Reihe nach sieben weiße Punkte stehen; auch sind sie ein wenig gezahnt.

Unten sind die Oberflügel, wie oben, nur blasser; die Unterflügel sind schmutzig roth, hie und da mit gelb schattiret, und die weißen Flecken auf dem braunen Rande sind viel größer. Der Leib ist oben schwarz mit weißen Flecken; die Brust und die Hüften sind weiß, die Füße braun.

Das Vaterland ist Sierra Leona in Afrika.

49. Papilio Caeneus.

Lin. S. N. 2. 766. 111. Paq. Dan. fest. alis integerrimis subfuscis, posticis subtus orbe macularum novem rubro.

Muf. Lud. Ulr. 271.

Fabr. S. E. 481. 168.

Ej. Spec. Inf. 2. 54. 239

Ej. Mant. 2. 27. 277.

Die Grundfarbe ist braun, nach der Wurzel zu etwas blasser. Nach der Spitze zu stehen auf den Oberflügeln 4 bis 5 länglich runde gelbe in die Queere gestellte Flecken. Unten sind die Oberflügel braun, an der Wurzel gelb, und nach der Spitze zu stehen 6 bis 7 gelbe Flecken, die in einen Bogen gestellt sind. Die Unterflügel sind braun, an der Wurzel gelb, und auf denselben stehen neun eyrunde rothe Flecken in einen Kreis, und umgeben das braune Feld.

Das Vaterland ist Indien.

Fünfte Horde. Die Flügel haben einen dunkeln Grund, und auf denselben rothe Binden oder Flecken.

50. Papilio Galanthis.

Hundert acht und dreyßigste Kupfertafel. Fig. 1. 2.

Fabr. Gen. Inſ. Mant. 257. Pap. *Dan. feſt.* alis integerrimis ſupra atris ſanguineo faſciatis, anticis punctis duobus apicis albis.

Ej. Spec. Inſ. 2. 54. 238.

Ej. Mant. 2. 27. 276.

Cram. Inſ. 3. tab. 25. D. E.

Götze ent. Beytr. III. 1. S. 210. n. 26. Die Surinamsche Blutbinde.

Die Grundfarbe dieses ungemein schönen Schmetterlings ist ganz dunkel schwarzbraun, der Rand ist glatt. Nach der Spitze der Oberflügel zu steht eine blutrothe breite Binde, und etwas darunter eine zweyte, die den ganzen übrigen Theil des Flügels bis an die Wurzel einnimmt; beyde Binden sind am Vorderrande durch einen rothen Strich vereinigt; an der Spitze stehen zwey längliche weiße Punkte. Auf den Unterflügeln steht eine einzige breite blutrothe Binde, die nicht ganz bis an den abgerundeten Afterwinkel reicht.

Unten ist die Farbe violet braun mit noch dunkleren Sprenkeln; die Binden der Oberseite sind auch hier, aber nicht roth, sondern gelbroth mit etwas dunklerer Farbe besprengt. Um den Binden herum hat die Grundfarbe einen grünen Wiederschein; an der Spitze stehen vier weiße Punkte. Der Leib ist oben schwarzbraun, unten grünlich.

Das Vaterland ist Surinam.

Sechste Horde. Die Flügel haben einen dunkeln Grund mit blauen oder grünen Binden und Flecken.

51. Papilio Obrinus.

Hundert acht und dreyßigste Kupfertafel. Fig. 3. 4.

Lin. S. N. 2. 781. 184. Pap. *Ancaea* alis dentatis atris, primoribus fascia coerulea.

Muſ. Lud. Ulr. 307.

Fabr. S. E. 485. 186. P. *Dan. fest.* alis integerrimis atris, faſcia anticarum coerulea, poſticarum ferruginea, ſubtus viridibus.

Ej. Spec. Inſ. 2. 62. 275.

Cram. Inſ. 29. tab. 338. CD. P. *Ancaea.*

Es wird dieſer Schmetterling mit dem unten folgenden Ancaeus oft verwechſelt, oft auch für einerley und etwa nur für das andre Geſchlecht gehalten, und die Citata durchkreuzen und wiederſprechen ſich ſo ſehr, daß ich mich lieber gar in keine Berichtigung derſelben einlaſſen will. **Fabricius** macht gar in ſeiner Mantiſſe eine Beſchreibung vom Obrinus, die nicht die geringſte Aehnlichkeit hat; er giebt die Oberflügel als ſichelförmig, roth mit ſchwarzen Spitzen und einem weißen Randflecken an, wovon nichts wahr iſt, und doch citirt er hiebey des **Cramers** P. Ancaea, die grade unſern Obrinus darſtellt.

Der

Der Rand der Oberflügel ist glatt, die Grundfarbe dunkel schwarzbraun, oft etwas in Purpur spielend. Auf der Mitte steht eine hellblaue Binde, die die Ränder nicht berührt. Die Grundfarbe der Unterflügel ist nicht ganz so dunkel schwarzbraun, und etwas hinter der Mitte steht eine breite okergelbe Binde; der Außenrand ist glatt; der Leib oberhalb schwarz.

Unten haben die Oberflügel ein schönes Grasgrün, doch ist diese Farbe am Hinterrande schwarz angeflogen; die blaue Binde ist auch hier, aber blasser und nach dem Vorderrande zu zugespitzt; zwischen den beyden dicken Adern nach der Wurzel zu sind einige schwarze Züge. Die Unterflügel sind auch grasgrün, mit drey bräunlichen Queerlinien; zwischen den beyden äußeren stehen zwey schwarze Punkte; der Außenrand ist bräunlich. Die Brust ist grün, der Bauch weiß.

Das Vaterland ist Amerika.

52. Papilio Lucullus.

Hundert acht und dreyßigste Kupfertafel. Fig. 5. 6.

Fabr. S. E. 504. 257. Pap. *Nymph. phal. Ceres* alis dentatis nigris, anticis fascia alba, posticis disco coerulescente, puncto atro.
Ej. Spec. Inf. 2. 90. 796.
Ej. Mant. 2. 11. 104. Pap. *Equ. Achiv.* Ceres.
Cram. Inf. 13. tab. 156. A. C. *Lucllla.*

Zu den griechischen Rittern kann dieser Schmetterling wohl unmöglich gezählt werden; lieber hätte Fabricius ihn unter die ungeäugigten Nymphen mögen stehen lassen, wohin er ihn anfangs gesetzt hatte. Da er so oft die von Cramer angenommenen Namen wieder verändert, so fand ich es zu spät, daß sein Ceres der Cramersche Lucilla sey, als welchen letzten Namen ich nur etwas verändert habe, weil jener schon einmal im System vorkommt. Die Grundfarbe ist schwarz mit einem dunkelgrünen Wiederschein. Die Oberflügel sind schwach gezahnt, die Ausschnitte weiß eingefaßt. Nach der Spitze zu steht eine grüngelbe sehr glänzende Binde, die Fabricius als weiß angiebt; sie reicht nicht bis an die Ränder. Die Unterflügel sind etwas stärker gezahnt, und die Ausschnitte weiß eingefaßt. In der Mitte ist ein großes blauglänzendes in grün spielendes rundes Feld, das auch noch einen Theil der Oberflügel

mit

mit in sich aufnimmt, und einen herrlichen Glanz hat. Der Leib ist schwarzgrün.

Unten ist die Grundfarbe der Oberflügel gelblich grasgrün; die Binde auf den Oberflügeln ist weiß; unter derselben ist ein großer schwarzgrüner Fleck, und nach der Wurzel zu einige kleine runde; der Außenrand ist auch mit dunkelgrün schattirt, und hinter denselben steht eine Reihe schwarzgrüner runder Flecken. Die Grundfarbe der Unterflügel ist gelbroth, an der Wurzel in der Mitte mit grün schattirt; in der Mitte stehen einige weißgelbe eckige Flecken; nach dem Außenrande zu eine Reihe schwarzgrüner runder Flecken; der Außenrand selbst ist auch mit dunkelgrün schattirt.

Das Vaterland ist Afrika.

53. Papilio Cyparissa.

Hundert neun und dreyssigste Kupfertafel. Fig. 2. 3.

Fabr. Spec. Inf. 2. 33. 137. *Pap. Helicon.* alis subintegris nigris, disco communi virescente, subtus nigro punctatis, posticis macula baseos rufa.

Cram. Inf. 4. tab. 39. D. E. mas. tab. 156. B. foem.

Dieser dem vorigen so ähnliche Schmetterling ist vom **Fabricius** sogar unter die **Helikonier** gesetzt, mit deren Gestalt er mir doch gar keine Aehnlichkeit zu haben scheint. Die Grundfarbe ist schwarz, der Rand der Oberflügel glatt, etwas ausgeschnitten; nach der Spitze zu steht ein großer, fast runder grüner satinglänzender Fleck. Die Unterseite hat ein großes gelbgrünes glänzendes Feld, das auch einen Theil der Oberflügel umschließt; der Rand ist unmerklich gezahnt.

Unten ist die Grundfarbe der Oberflügel grün mit einem blauen Glanz, auf der untern Hälfte stehen große verschiedentlich gestaltete schwarze sammetartige Flecken, auch nach dem Rande zu einige kleinere in einer Reihe. Die Unterflügel sind rothgelb; an der Wurzel steht ein blutrother schwarz eingefaßter Strich, nach dem Rande zu eine Reihe eyrunder sammtschwarzer Flecken; der Rand selbst hat eine blaugrüne Schattirung.

Das

Das Weibchen, fig 3. ist viel grösser, die Flügel sind mehr gezahnt, die Ausschnitte weiß eingefaßt; die Oberseite ist wie beym Männchen; die Unterseite ist heller grün, mit einem lebhaften gelben goldigen Glanz; nicht weit vom Rande aller Flügel steht eine Reihe mondförmiger sammetartiger Flecken, und mehrere sind auf der untern Hälfte zerstreuet Am Hinterrande der Unterflügel ist die Farbe blutroth, doch ohne schwarze Einfassung. Der Leib ist oben schwarzgrün, unten gelb und grün.

Das Vaterland ist Afrika.

54. Papilio Ancaeus.

Hundert neun und dreyßigste Kupfertafel. Fig. 4. 5.

Lin. S. N. 2. 766. 113. Pap. *Obrinus* alis integerrimis supra nigris fascia cyanea, subtus viridibus fascia albida.

Muſ. Lud. Ulr. 255. 74.

Fabr. S. E. 485. 187. Pap. D. f. alis integerrimis supra fuscis fascia coerulea maculaque ferruginea, subtus viridibus fascia albicante.

Ej. Spec. Inſ. 2. 62. 276.

Ej. Mant. 2. 30. 318.

Clerk ic. tab. 31. fig. 2. 3.

Cram. Inſ. 5. tab. 49. fig. EF.

Es hat dieser Schmetterling viele Aehnlichkeit mit dem obigen Obrinus, doch aber auch Verschiedenheiten genung, um ihn für eine eigne Art zu halten. Er ist kleiner, die Grundfarbe dunkelbraun mit grünlichen Haaren an der Wurzel, an der Spitze der Oberflügel schwarz; auf der Mitte steht eine blaue Binde, und ein blauer mondförmiger Fleck an der Spitze. Nach der Wurzel zu steht am Vorderrande ein rostfarbiger strichähnlicher Fleck, und daneben noch ein rostfarbiger Punkt. Die Unterflügel haben einige ganz verloschne braunrothe Querbinden, einen rostfarbigen Flecken im

After=

Afterwinkel, und eine Reihe verloschner schwarzer Punkte auf der Mitte.

Unten ist die Grundfarbe grasgrün, die Binde auf den Oberflügeln ist viel weißlicher. Auf den Unterflügeln stehen drey braune Queerstriche, auch sind die Außenränder braun schattirt; im Afterwinkel steht auch hier der rostfarbige Fleck. Der Leib ist oben braun, unten grün.

Das Vaterland ist Indien.

55. Papilio Eupalus.

Hundert vierzigste Kupfertafel. Fig. 1. 2.

Fabr. Spec. Inſ. 2. 54. 241: Pap. Dan. feſt. alis integerrimis fuſcis poſticis faſcia coerulea, ſubtus viridibus, puncto atro.

Ej. Mant. 2. 27. 279.

Cram. Inſ. 13. tab. 145. D. E. Pap. *Harpalyce.*

Die Grundfarbe dieſes ſehr ſchönen Schmetterlings iſt braun; der Vorderrand der Oberflügel iſt blau, und an der Spitze ſteht ein groſſer weiſſer Flecken. Die Unterflügel haben eine blaue Binde, die ſich am Afterwinkel ſehr weit ausbreitet. Der Leib iſt oberhalb braun. Unten iſt die Grundfarbe blaßgrün, etwas nach dem Auſſenrande zu laufen durch die Flügel zwey ſchmale dunklere verloſchene Binden; der weiſſe Fleck an der Spitze der Oberflügel iſt auch hier; nach der Wurzel zu ſteht auf jedem Flügel ein ſchwarzer runder Punkt; der Vorderrand iſt unterhalb weiſſlich. Der Leib iſt grünlich weiß, die Füſſe ſind braun. Bisweilen ſteht auf den Unterflügeln eine Reihe weiſſer Punkte. Auch hat die dunkelbraune Farbe der Oberſeite wohl einen ſchwachen Goldglanz.

Das Vaterland iſt Afrika.

56. Papilio Amelius.

Hundert vierzigste Kupfertafel. Fig. 3. 4.

Cram. Inſ. tab. 136. B. C. Pap. alis fuſcis apice nigris faſcia vireſcente.

Die Grundfarbe iſt rothbraun, aber die äußere Hälfte der Oberflügel iſt ſchwarz, ſo auch der Vorderrand. Auf der Mitte ſteht eine grünlich weiße Binde, und über derſelben zwey weiße Punkte in einer ſchiefen Richtung über einander. Der Rand iſt glatt. Die Unterflügel ſind ſchlicht braunroth mit einem violetten Glanz; der Außenrand iſt ſchwärzlich und ganz unmerklich ausgeſchnitten; der Leib hat die rothbraune Farbe der Flügel.

Unten nimmt die ſchwarze Farbe die ganze Mitte der Oberflügel ein, und darauf ſteht eben die grünlich weiße Binde, die auf beyden Seiten nicht den Hinterrand erreicht; die Wurzel der Flügel iſt gelblich weiß, und ſo auch die Spitze, die vorne braun angelaufen iſt. Die Unterflügel ſind blaß violet, an der Wurzel weiß, und von da aus geht ein weißer Streif bis über die Mitte heraus; am Hinterrande ſteht eine braunrothe Binde bis an den weißen Streif, und darüber eine Reihe rothbrauner Flecken, die auch vom weißen Streif unterbrochen wird, oben und unten ſteht eine braune wellenförmige Linie, und zwey runde braunrothe Flecken an der weißen Wurzel. Der Aussenrand ist gelb eingefaßt, und darauf steht eine braunrothe wellenförmige Linie.

Das Vaterland ist Surinam.

Siebente Horde. Die Grundfarbe ist schwarz, und auf derselben sind viele blaue oder grüne Flecken verstreuet.

57. Papilio Arethusus.

Hundert vierzigste Kupfertafel. Fig. 5. 6.

Fabr. Spec. Inf. 2. 53. 231. Pap. *Dan. fest.* alis integerrimis atris coeruleo maculatis, posticis subtus punctis sanguineis.

Ej. Mant. 2. 25. 266.

Cram. Inf. 7. tab. 77. EF.

Der Rand der Flügel ist glatt, die Grundfarbe ganz dunkelbraun, und die ganze Fläche hat viele blaue Flecken, hauptsächlich an der Wurzel und dem Außenrande; der Hinterrand der Unterflügel ist blaß okergelb. Der Leib ist braun, und auf dem Brustſtück sind viele blaue Flecken.

Die Grundfarbe der Unterflügel ist braunroth, am Hinterrande der Oberflügel geht die Farbe in okerbraun über. Auf den Unterflügeln steht eine Reihe von 6 blutrothen etwas dreyeckigen Flecken am Außenrande, und einige kleinere stehen an der Wurzel. Der Leib und die Füße sind braun.

Das Vaterland ist Surinam.

58. Papilio Amphinomus.

Hundert ein und vierzigste Kupfertafel. Fig. 1. 2.

Lin. S. N. 2. 779. 176. Pap. *Nymph. phal.* alis dentatis nigris coeruleo nebulosis, anticis fascia utrinque alba, posticis subtus rubro radiatis.

Fabr. S. E. 508. 276.

Ej. Spec. Inf. 2. 97. 427.

Ej. Mant. 2. 53. 520.

Klemann Ins. 1. tab. 10. fig. 1. 2.

Aubent. Miscell. tab. 92. fig. 7. 8.

Cram. Inf. 5 tab. 54. EF.

Merian. Surin. tab. 8.

Die Oberflügel dieses schönen Schmetterlings haben einen glatten Rand, die Grundfarbe ist schwarz, und darauf stehen viele grüne Charaktere verworren durch einander; auf der Mitte steht eine breite weiße Binde, die aus in einander gelaufenen Flecken besteht. Die Unterflügel sind ein wenig gezahnt, und die Ausschnitte grün eingefaßt. Die Grundfarbe ist gleichfalls schwarz, mit vielen grünen Charakteren. Der Leib ist schwarz mit grünen Flecken.

Unten ist die Grundfarbe braun, an der Spitze und auf den Unterflügeln etwas dunkler. Die obern haben hier eben die weiße Binde, an der Spitze und am Außenrande stehen weiße Punkte; an der Wurzel stehen

hen scharlachrothe strahlichte Flecken. Noch mehr solcher rothen Strahlen gehen auf den Unterflügeln von der Wurzel aus bis über die Mitte des Feldes hin, und einige dieser Strahlen haben am Ende noch einige rothe Punkte vor sich; nach der Wurzel zu ist das ganze Feld roth; außerhalb stehen einige weiße Punkte, und auch am Außenrande. Der Leib ist unten roth.

Das Vaterland ist Surinam. Die Raupe lebt daselbst auf dem indischen Jasmin; sie ist über zwey Zoll lang, grün mit zwey rothen Längsstreifen. Der Kopf ist mit einer Reihe von acht Dornen gekrönt, von welchen die zwey mittelsten die längsten sind; am letzten Gelenke sind auch zwey nach hinten zu gerichtete Dornen, die einen halben Zoll lang sind. Sie verwandelte sich den 20sten Sept. zur Puppe, aus welcher den 17ten October der Schmetterling kam.

59. Papilio Laodamia.

Hundert ein und vierzigste Kupfertafel. Fig. 3.

Cram. Inſ. 16. tab. 130. A. Pap. alis integerrimis nigris coeruleo maculatis, anticis fascia alba, posticis margine posteriore rubro maculatis.

Beym ersten Anblick sollte man diesen Schmetterling mit dem vorigen für eins halten. Der Rand der Flügel ist glatt, die Grundfarbe schwarz mit vielen blaugrünen runden Flecken auch nach der Wurzel zu mit einigen Charakteren bestreuet; auf der Mitte der Oberflügel ist eine breite weiße Binde, die aber nicht aus Flecken besteht, auch erreicht sie nicht den Hinterrand. Der Hinterrand der Unterflügel ist röthlich braun, und darauf stehen einige rothe Flecken.

Unten ist die Grundfarbe dunkelbraun; die weiße Queerbinde ist auch hier. Auf den Unterflügeln stehen am Hinterrande und an der Wurzel runde rothe Flecken.

Das Vaterland ist Surinam.

60. Papilio Sophonisbe.

Hundert ein und vierzigste Kupfertafel. Fig. 4. 5.

Cram. Inſ. 25. tab. 295. AB. alis nigris virideſcentibus, anticis faſcia alba.

Wenn gleich dieſer Schmetterling nicht ganz mit den Kennzeichen dieſer Horde übereinſtimmt, ſo glaube ich doch, daß er wegen des grünen Glanzes und der weißen Binde am beſten dem vorigen beyzugeſellen ſey. Die Grundfarbe iſt ſchwarz, aber von der Wurzel aus bis auf die Mitte des Feldes verbreitet ſich ein blaugrüner Glanz, der zuletzt in Kupfergrün übergeht. Nach der Spitze der Oberflügel zu ſteht eine weiße Queerbinde, und nach der Wurzel zu am Vorderrande einige verloſchene ſchwarze Queerſtriche. Auf den Unterflügeln ſieht man zwey Reihen verloſchner ſchwarzer Punkte. Der Leib hat einen grünen Schein.

Unten iſt die Grundfarbe hellgrün, die weiße Binde iſt auch hier. An der Spitze ſtehen zwey Reihen ſchwarzer runder Flecken; von der Binde an bis nach dem Hinterrande zu iſt die Grundfarbe ſchwarzbraun; und am Vorderrande bis zur Wurzel herunter ſtehen zwey ſchwarze gebogene Striche und ein ſchwarzer viereckiger Fleck. Die Unterflügel haben viele runde ſchwarze Flecken, und um einigen einen ſchwarzen Kreis; hinter dem Außenrande ſteht eine Reihe gebogener ſchwarzer

Stri-

Striche; von der Mitte des Feldes an geht ein breiter okergelber Streif nach dem Außenrande hin, und ein eben solcher Fleck oder Streif geht von der Wurzel und den Hinterrand bis ein Drittel herunter.

Das Vaterland ist Surinam.

60.

61. Papilio Veronica.

Hundert zwey und vierzigste Kupfertafel. Fig. 1. 2.

Cram. Inſ. tab. 325. C. D. alis integerrimis cyaneo-viridibus, ſubtus fuſcis maculis punctisque pallidioribus.

Die Flügel haben einen glatten Rand, der weiß punktirt iſt; die Oberflügel ſind dunkel blaugrün mit einigen blaſſeren verloſchenen Queerſtreifen; nach der Spitze zu ſtehen am Vorderrande einige weiße Punkte, und nach dem Außenrande zu ein verloſchner etwas dunkler Streif. Die Unterflügel ſind ſchwarzblau, an der Wurzel dunkler, auch geht ein dunkler Streif durch die Flügel nach dem Außenrande zu. Der Vorderrand der Oberflügel und der innre Rand der Unterflügel ſind braun; der Leib iſt oberhalb blau, mit glänzenden Härchen beſetzt. Unten iſt die Grundfarbe braunroth; die Oberflügel haben zwey Reihen hellerer Mondflecken, zwiſchen welchen eine Reihe weißer Punkte ſteht, auch ſteht unter jedem Mondfleck der oberſten Reihe ein dreyeckiger grauer Fleck; die Spitze iſt weiß beſtaubt, und zwiſchen den dicken Adern ſtehen nach der Wurzel zu noch einige hellbraune dunkel eingefaßte Queerſtriche. Die Unterflügel ſind eben ſo gezeichnet, haben zwey Reihen hellbrauner Mondflecken, dazwiſchen eine Reihe weißer Punkte, und eine Reihe grauer dreyeckiger Flecken;

cken; die innre Fleckenreihe wird durch einen großen grauen Flecken unterbrochen. Nach der Wurzel zu stehen noch einige hellbraune Flecken. Der Leib hat die Farbe der Flügel.

Das Vaterland ist Guinea.

Achte

Achte Horde. Die Grundfarbe ist dunkel, mit gelbrothen, weißen und andern scheckigten Zeichnungen.

62. Papilio Phaëton.

Hundert zwey und vierzigste Kupfertafel. Fig. 3. 4.

Fabr. S. E. 481. 167. Pap. *Dan. fest.* alis integerrimis nigris albo rufoque maculatis.
Ej. Spec. Inf. 2. 54. 237.
Ej. Mant. 2. 26. 275.
Cram. Inf. 17. tab. 193. CD.
Drury Inf. 1. tab. 21. fig. 3. 4.

Die Grundfarbe ist dunkelbraun, der Rand glatt. Die Oberflügel haben noch außen zu mehrere Reihen kleiner gelber Flecken, am Außenrande steht eine Reihe größerer, runder, rothgelber Flecken, auch haben sie einen rothgelben Mittelpunkt. Die Unterflügel haben gleichfalls am Außenrande eine Reihe rothgelber runder Flecken, und dahinter zwey Reihen schwefelgelber Punkte. Der Leib ist braun.

Unten ist die Zeichnung fast eben so, nur ist die ganze Fläche mit Reihen schwefelgelber Flecken besetzt; die

die rothgelben Flecken sind größer, auch stehen mehrere derselben an der Wurzel, auch zwey unweit des Vorderrandes über einander. Das erste Fußpaar ist kurz.

Das Vaterland ist Neujork.

63. Papilio Dyndima.

Hundert zwey und vierzigste Kupfertafel. Fig. 5. 6.

Cram. Inſ. tab. 271. G, G. Pap. alis integerrimis obſcure griſeis undulatis, apice faſcia punctoque albis, ſubtus teſtaceis nigro undulatis.

Seba tom. 4. tab. 33. fig. 25. 26.

Er iſt nur klein, die Flügel haben einen glatten Rand; die Grundfarbe iſt dunkel röthlich grau, mit vielen ſchwarzen wellenförmigen Queerlinien. Die Oberflügel haben an der Spitze einen großen bindenähnlichen weißen Flecken mit einer gelbrothen Einfaſſung, und darüber ſteht ein weißer Punkt; der Leib hat die Farbe der Flügel.

Unten iſt die Grundfarbe okergelb mit wellenförmigen ſchwarzen Linien und Queerſtrichen durchzogen. Die weiße Binde an der Spitze der Oberflügel iſt auch hier, und der Grund um derſelben iſt ſchwarz. Der Leib hat die Farbe der Flügel.

Das Vaterland iſt Surinam.

64. Papilio Crithea.

Hundert drey und vierzigste Kupfertafel. Fig. 1. 2.

Fabr. Spec. Inſ. 2. 98. 429. Pap. *nymph. phal.* alis dentatis fuſcis maculis ocellaribus, poſticis ſubtus cinereis punctis duobus ſtrigaque fuſcis.

Ej. Mant. 2. 53. 522.

Cramer Inſ. 12. tab. 138. CD.

Drury Inſ. 2. tab. 16. fig. 5. 6.

Die Oberflügel haben einen glatten Rand, die Grundfarbe iſt dunkelbraun, etwas ins Purpur ſchielend, mit vielen durch einander laufenden helleren Linien und Zeichnungen, und dazwiſchen liegenden dunklerem Grunde; nach dem Außenrande zu ſtehen einige augenähnliche Rundungen, die nach dem Vorderrande zu kleiner werden. Die Unterflügel ſind ein wenig gezahnt, auch dunkelbraun, doch geht diese Farbe nach dem Hinterrande zu in ein verblichenes Gelb über. Zwey aſchgraue wellenförmige Linien laufen durch die Flügel, die äußere iſt bogenförmig, die innere grade, daher ſie an den Enden meiſt zuſammenſtoßen.

Unten ſind die Oberflügel verblichen gelb, an der Spitze und dem Vorderrande fahl braun, wo auch einige graue Flecken ſtehen. Faſt im Mittelpunkte ſind zwey kleine, runde, faſt ſchwarze Flecken, und am Vorder-

der-

derrande herunter sind noch einige andre braune Flecken von verschiedener unregelmäßiger Gestalt. Die Unterflügel sind verblichen braungelb, bald ganz ohne Abzeichnungen, bald läuft durch die Mitte eine braune wellenförmige Linie, und nach der Wurzel zu stehen zwey schwarze Punkte über einander.

Das Vaterland ist Afrika.

65. Papilio Orestes.

Hundert drey und vierzigste Kupfertafel. Fig. 5. 6.

Cram. Inſ. 24. tab. 282. AB. Pap. alis integerrimis luteis fuſco variegatis.

Die Grundfarbe dieſes kleinen Schmetterlings iſt gelbroth, die Spitze und der Außenrand ſind verloſchen braun. Auf der Mitte der Oberflügel iſt eine gezahnte Binde von einer etwas lebhafteren gelbrothen Farbe; nach der Wurzel zu iſt die Grundfarbe etwas mit braun verſetzt, und daſelbſt ſtehen kleine noch braunere Flecke mit einer hellen Einfaſſung. Die Unterflügel haben außerhalb eine Reihe verloſchner brauner Flecken, auf der Mitte eine eben ſolche Binde, und dann wieder eine Reihe ſolcher Flecken. Der Rand der Flügel iſt glatt.

Unten iſt die Grundfarbe der Oberflügel braun, die gelbe Binde iſt auch hier, welche innerhalb einen ſtarken Einſchnitt hat. Nach der Wurzel zu ſtehen drey Ocellen. Die Unterflügel ſind okergelb, und die braunen Flecken ſind eben ſo wie oben, nur etwas lebhafter, und an der Wurzel ſtehen mehrere.

Das Vaterland iſt Surinam.

66. Papilio Phylleus.

Hundert drey und vierzigste Kupfertafel. Fig. 7. 8.

Cram. Inf. tab. 63. fig. D. E. Papil. alis integerrimis ferrugineis fasciis maculisque fuscis.

Die Grundfarbe ist rostfarbig oder gelbroth, der Rand der Flügel ist glatt. Die Oberflügel haben einen breiten schmutzig braunen Außenrand, darauf folgt eine etwas gebogene Binde von gleicher Farbe, die am Vorderrande breit ist, aber nach dem Hinterrande zu immer schmäler wird; die untre Hälfte der Flügel ist eben so braun, mit rothgelben Queerstrichen. Die Unterflügel sind gelbroth, an der Wurzel schmutzig braun; am Außenrande steht eine Reihe brauner Punkte; über die Mitte läuft eine blutrothe Binde.

Das Vaterland ist Surinam.

67. Papilio Erymanthis.

Hundert vier und vierzigste Kupfertafel. Fig. 1. 2. 3. 4.

Fabr. Mant. 2. 56. 553. Pap. *Nymph. phal.* alis dentatis fulvis, anticis apice nigris, fascia flava, posticis supra lunulis, subtus striga punctorum ocellatorum.

Drury Inſ. 1. tab. 15. fig. 3. 4.

Cram. Inſ. tab. 238. F, G.

Sulz. Geſch. tab. 16. fig. 6. Pap. Lotis.

Der Rand der Oberflügel iſt glatt, nur hie und da ganz unmerklich ausgeſchnitten; an den Unterflügeln ſcheint er etwas mehr gezahnt zu ſeyn. Die Grundfarbe iſt an der Wurzel bis zur Hälfte hinauf etwas ſchmutzig rothgelb, und oben ſehr ſtark und ungleich gezahnt; alsdann folgt ein helleres und reineres okergelb, welches faſt das Anſehen einer helleren Binde hat; die Spitze und der Außenrand ſind ſchwarz, innerhalb auch ſtark und ungleich ausgeſchnitten; auf dieſer ſchwarzen Farbe ſtehen hie und da einige kleine gelbe Flecken, wie die Grundfarbe iſt, von ungleicher Geſtalt und Größe; auf der helleren Binde ſtehen nach dem Hinterrande zu drey runde ſchwarze Flecken neben einander. Die Unterflügel haben durchweg eine ſchmutzig rothgelbe Grundfarbe mit etwas dunkleren wellenförmigen linien, und zwey Reihen verloſchener bräunlicher halbmondförmiger Striche, hinter welchen eine Reihe eben ſo verloſchener runder kleiner Flecken ſteht. Der Leib iſt dunkelbraun.

Unten

Unten ist die Grundfarbe wie röthlicher Thon; durch die Mitte aller Flügel läuft eine breite, wellenför- förmige hellere Binde, die sich am Vorderrande der Oberflügel mehr ausbreitet, und um sich her mittheilt. Außerdem ist die Grundfarbe mit verloschenen bräunlichen wellenförmigen Strichen und Punkten durchzogen. Die Brust und die Hüften sind aschgrau, die Füße rothgelb.

Das Vaterland ist China.

Das Weibchen, fig. 3. 4, weicht fast nur in der mehreren Größe vom Männchen ab, doch sind die dunkleren Zeichnungen größtentheils etwas verloschener; die übrigen Verschiedenheiten sind am besten durch Vergleichung beyder Abbildungen zu erkennen.

68. Papilio Lampetia.

Hundert vier und vierzigste Kupfertafel. Fig. 5. 6. 7. 8.

Lin. S. N. 2. 775. 160. Pap. *Nymph. gemmat.* alis crenatis, primoribus fuscentibus fascia flava, posticis supra ocellis sex.

Muf. Lud. Ulr. 104.

Fabr. Mant. 2. 36. 378.

Clerk. Icon. tab. 39. fig. 2.

Cram. Inf. tab. 148. E, F. mas. tab. 349. AB. foem.

Götze ent. Beytr. 3. 1. 292. 79. Das indianische Kettenauge.

Es wird zwar dieser Schmetterling unter die äugigten Nymphen gebracht, allein diese Stelle kann ich ihm nicht lassen; denn die vermeintlichen Augen auf den Flügeln sind nur blinde Augen, oder runde kleine Flecken. Er ist überhaupt dem vorigen sehr ähnlich, und muß daher auch dicht neben ihm stehen. Die Grundfarbe ist okergelb, an der Wurzel wegen Beymischung mit schwarz etwas schmutzig; außerhalb haben die Oberflügel eine breite, schwarze, innerhalb gezackte Einfassung, und hinter derselben einen schwarzen Punkt; auch der Vorderrand ist schwarz, und vor demselben steht in der Mitte ein dunkler Strich. Die Unterflügel sind unmerklich gezahnt; die Grundfarbe ist an der Wurzel und am Außenrande schmutzig; der Rand selbst ist

schwarz,

schwarz, und hinter denselben stehen zwey schwarze wellenförmige Linien, und meist auf der Mitte des Feldes eine Reihe schwarzer Punkte, um welche herum die Grundfarbe rein und helle ist. Der Leib ist rothgelb.

Unten ist die Grundfarbe röthlich okergelb, und eine blassere Binde läuft durch die Mitte; außerhalb sind die Oberflügel mehr braun, am Außenrande steht eine aschgraue wellenförmige Linie, die oberhalb schwarz eingefaßt ist, auf der Mitte steht eine Reihe schwarzer fast an einander hangender runder kleiner Flecken oder Punkte, die hinterwärts eine hellere Einfassung haben, die ihnen einigermaßen das Ansehen giebt, als wären es Augen. Nach dem Außenrande zu steht eine Reihe bläulich grauer an einander hangender Mondflecken.

Das Weibchen, fig. 7. 8, ist viel größer, und die Farben sind dunkler. Oberhalb ist die Farbe braun; die Oberflügel haben eine breite, rothgelbe Binde, und außerhalb haben sie eine breite schwarze Einfassung. Die Unterflügel sind ziemlich stark gezahnt, dunkelbraun eingefaßt, und dahinter steht eine Reihe dreyeckiger schwarzer Flecken.

Unten ist die Grundfarbe okergelb, außerhalb braun, nebst einem etwas blasseren Streif auf der Mitte der Flügel, der an die braune Farbe anschließt. Am Außenrande haben die Oberflügel eine Reihe gelder Flecken, und dahinter eine Reihe schwarzer, die nach dem Vorderrande zu in grau übergehen. Die Unterflügel haben eben diese Reihe schwarzer Flecken, vor und hinter welchen eine Reihe grauer Mondflecken steht.

Das Vaterland ist Amboina.

69. Papilio Meleagris.

Hundert fünf und vierzigste Kupfertafel. Fig. 1 2.

Fabr. Spec. Inſ. 2. 96. 419. Pap. *nymp. phal.* alis ſubdentatis albo punctatis, ſupra fuſcis, ſubtus flaveſcentibus.

Ej. Mant. 2. 52. 508.

Cram. Inſ. 6. tab. 66. fig. AB.

Drury Inſ. 3. tab. 27. fig. 3. 4.

Die Grundfarbe iſt etwas fahl ſchmutzig braun. Der Rand der Oberflügel iſt glatt, weiß punktirt, und die ganze Fläche iſt mit weißen runden kleinen Flecken beſtreuet, die gröſtentheils in drey Reihen ſtehen; am Vorderrande ſtehen einige weiße Züge, und an der Spitze ein etwas größerer weißer Flecken. Die Unterflügel haben gleichfalls drey Reihen weißer kleiner Flecken, und einige ſchwarze Züge an der Wurzel; der Rand liſt ein wenig gezahnt, und die Ausſchnitte ſind weiß eingefaßt.

Unten iſt die Grundfarbe rothgelb; übrigens ſind auch hier die drey Reihen weißer Flecken, wovon die mittelſte Reihe einen ſchwarzen Kern hat. Die weißen Züge am dicken Rande ſind hier etwas verändert. Der Leib hat oben und unten die Farbe der Flügel.

Das Vaterland iſt Afrika.

70. Papilio Aceste.

Hundert fünf und vierzigste Kupfertafel. Fig. 3. 4.

Lin. S. N. 2. 782. 191. Pap. *Nymph. phal.* alis subdentatis, anticis nigris basi fasciaque flavis, posticis flavis, subtus fasciis fuscis.

Muſ. Lud. Ulr, 298.

Fabr. S. E. 511. 287.

Ej. Spec. Inſ. 2. 100. 442.

Ej. Mant. 2. 54. 537.

Cram. Inſ. n. tab. 121. fig. EF.

Clerk icon. tab. 43. fig. 3.

Er ist nicht groß, die Oberflügel haben einen glatten Rand, und bey den Unterflügeln ist er ganz unmerklich gezahnt. Die Grundfarbe ist röthlich gelb, doch der äußere Theil der Oberflügel ist bis über die Hälfte schwarz, und darauf steht eine gelbe Binde, die nicht ganz bis an die Ränder reicht; an der Spitze stehen drey weiße Flecken, auch ist der Außenrand weiß. Der rothgelbe Grund ist auf beyden Seiten mit verloschenen braunen Strichen durchzogen, welches aber fast nur ein Durchscheinen der dunklern Striche auf den Unterflügeln zu seyn scheint; am Rande stehen zwey Reihen schwarzer Punkte und Striche, und der Außenrand ist weiß. Der Leib ist gelbroth.

Unten ist die Grundfarbe der Oberflügel ganz blaß okergelb; die gelbe Binde ist auch hier, und hat an beyden Seiten eine breite schwarze Einfassung; am innren Rande ist ein rothgelber Anflug; übrigens ist die Oberfläche mit dunkelbraunen bindenähnlichen Queerstrichen durchzogen. Auf den Unterflügeln spielt die blasse Grundfarbe etwas ins violette, und ist gleichfalls mit braunen bindenähnlichen Strichen durchzogen, auch steht nahe am Außenrande eine blaue wellenförmige Linie; hie und da sieht man einige rothgelbe Schattirungen. Der Leib ist blaßgelb.

Das Vaterland ist Surinam.

71. Papilio Tytia.

Hundert fünf und vierzigste Kupfertafel. Fig. 5. 6.

Cram. Inſ. 1. 21. CD. Pap. alis integerrimis fuſcis faſciis albis, anticis baſi punctis nigris albo marginatis.

Die Grundfarbe iſt ein helles röthliches Braun; die Oberflügel haben oberhalb eine weiße Binde, die nach dem Hinterrande zu einen ſchwarzen Anflug hat. Unter dieſer Binde ſteht eine zweyte, die zwar breiter, aber viel kürzer iſt, nahe am Hinterrande anfängt, und nur bis auf die Mitte reicht; ſie iſt daſelbſt zugeſpitzt, und innerhalb ſchwarz eingefaßt. Etwas darunter ſteht ein ſchwarzer Queerſtrich nach dem Vorderrande zu, und darunter zwey Paar ſchwarze weiß eingefaßte Punkte. Der Außenrand iſt ſchwarz, weiß gefleckt. Auf den Unterflügeln ſteht gleichfalls eine weiße Binde, der Rand iſt ſchwarz und weiß gefleckt; zwiſchen ihm und der Binde ſteht eine Reihe weißer Mondflecken; hinter der Binde iſt die Grundfarbe mit ſchwarz ſchattiret, und nach der Wurzel zu ſteht ein ſchwarzer Queerſtrich.

Unten iſt die Grundfarbe blaß braun, an der Spitze röthlich, die weiße Binde iſt mehr verwiſcht, am Außenrande der Oberflügel ſteht ein weißer Flecken, und darneben drey ſchwarze; die Mitte des Feldes iſt mit mehr dunkelbraun ſchattirt, und der ſchwarze Queerſtrich

iſt

ist weißt eingefaßt; die schwarzen Punkte an der Wurzel sind auch hier. Die Unterflügel haben auf der weißen Binde zerstreuete schwarze Flecken von verschiedener Größe; auf der innern Hälfte sind viele weiße Punkte zerstreuet, die zum Theil einen schwarzen Kern haben. Der Leib hat die Farbe der Flügel.

Das Vaterland ist Indien.

Neunte Horde. Die Grundfarbe ist blau oder grün, bald ohne Zeichnung, bald mit mehreren Farben gezeichnet.

72. Papilio Eurota.

Hundert fünf und vierzigste Kupfertafel. Fig. 7. 8.

Cram. Inf. 2. tab. 24. CD. Pap. alis integerrimis atris coeruleo nitentibus, subtus fuscis, posticis punctis subocellaribus.

Die Flügel haben einen glatten Rand. Oberhalb ist die Grundfarbe schwarz mit einem herrlichen blauen Wiederschein. Unten ist die Grundfarbe dunkelbraun, der Vorder- und Außenrand sind heller braun gefleckt. Die Unterflügel haben einige verloschene dunkelbraune Züge, und auf der Mitte vier blaue Punkte, mit einer verloschenen braunen Einfassung, so daß sie ein etwas augenähnliches Ansehen haben. Der Leib hat oben und unten die Farbe der Flügel.

Das Vaterland ist Amerika.

73. Papilio Lubentinus.

Hundert sechs und vierzigste Kupfertafel. Fig. 1. 2.

Fabr. Spec. Inſ. 2. 91. 403. Pap. *Nymph. phal.* alis dentatis obſcure vireſcentibus albo nigro rufoque maculatis.

Ej. Mant. 2. 49. 486.

Cram. Inſ. 13. tab. 155. CD

Die Oberflügel haben einen glatten etwas ausgeschnittenen Rand. Die Grundfarbe iſt dunkel olivengrün; etwas unter der Mitte ſteht am Vorderrande ein weißer Queerſtrich, und an beyden Seiten darneben ein blutrother; alle ſind ſchwarz eingefaßt. Auf der Mitte des Flügels ſteht eine weiße Fleckenreihe; die Spitze iſt braungeſtreift mit vier weißen Punkten. Die Unterflügel ſind gleichfalls olivengrün; am Grunde ſtehen drey ſchwarze Punkte, auf der Mitte und am Außenrande eine Reihe ſchwarzer Flecken, von welchen einige einen blaßgrünen, andre einen blutrothen Kern haben. Der Rand iſt etwas gezahnt. Der Leib iſt oberhalb grün.

Unten ſind die Oberflügel eben ſo gezeichnet, wie oben, nur iſt die Grundfarbe nicht grün, ſondern braun. Die Unterflügel haben auch eine braune Grundfarbe, und zwey Reihen rother ſchwarz eingefaßter mondförmiger zum Theil dreyeckiger Flecken, die eine ſteht am Außenrande, die andre in der Mitte. An der Wurzel ſtehen ſchwarze Striche und rothe Punkte. Der Leib iſt unten grünlich. Das Vaterland iſt China.

74. Papilio Cicero.

Hundert sechs und vierzigste Kupfertafel. Fig. 3. 4.

Mus. *Herbst.* Pap. alis integerrimis obscure viridibus margine antico puncto coccineo, subtus griseis punctis coccineis.

Die Grundfarbe ist ein dunkles schmutziges grün; am Vorderrande der Oberflügel steht nach unten zu ein carminrother Punkt, auch einige verloschene schwarze wellenförmige Queerstriche. Nahe an der Wurzel der Unterflügel steht ein kleiner schwarzer Cirkel. Der Rand der Flügel ist glatt, die Oberflügel aber sind ziemlich stark ausgeschnitten.

Unten ist die Grundfarbe greis, mit schmutzig grün wellenförmig schattirt. Am Vorderrande der Oberflügel stehen zwey greise Flecken, die mit schwarzen Linien zackig eingefaßt sind; an dem untersten steht nach dem Vorderrande zu ein rother Punkt. Am Grunde der Unterflügel stehen zwey eyrunde schwarze Cirkel mit einem rothen Mittelpunkt; auch sind noch zwey Räume mit schwarzen Linien zackig eingefaßt, von welchen der der Wurzel am nächsten ist, auch einen rothen Punkt hat. Der Leib ist oben dunkelgrün und unten greis.

Das Vaterland ist Amerika.

Zehnte Horde. Die Grundfarbe ist dunkel, mit wellenförmigen Zeichnungen, auf den Oberflügeln steht eine breite rothgelbe Binde, die am Vorderrande am breitesten ist; das meistemal geht von der Mitte der Oberflügel an eine weiße Binde bis über die Unterflügel.

75. Papilio Mesenteria.

Hundert sieben und vierzigste Kupfertafel. Fig. 1. 2.

Fabr. Spec. Inf. 2. 105. 462. Pap. *Nymph. phal.* alis dentatis fuscis, anticis supra fascia fulva, subtus maculis centralibus coeruleis.

Ej. Mant. 2. 57. 564.

Cram. Inf. 14. tab. 162. BC.

Die Oberflügel haben einen glatten Rand, die Unterflügel sind ganz schwach gezahnt. Die Grundfarbe ist dunkel schwarzgrün mit vielen dunkleren wellenförmigen Linien. Die Oberflügel haben eine breite rothgelbe Binde, die am Vorderrande, wo sie am breitesten ist, sich spaltet. Die kleinen Ausschnitte der Unterflügel sind zum Theil weiß.

Auf der Unterseite sind die Oberflügel an der Wurzel okergelb, in der Mitte roth, am Vorder- und Außenrande braun mit zwey Reihen etwas hellerer verloschener kleiner Flecken. Unter der rothen Mitte, die eigentlich eben die Binde der Oberseite ist, stehen sechs blaue schwarz umzogene Flecken. Die Grundfarbe der Unterflügel ist röthlich braun, welche Farbe nach dem Grunde zu in okergelb übergeht; daselbst stehen auch drey schwarze Queerlinien; außerhalb ist der Grund mit drey Reihen etwas hellerer verloschener Flecken dicht besetzt; die unterste Reihe ist sehr lang gezogen.

Das Vaterland ist Surinam.

76.

76. Papilio Eleus.

Hundert sieben und vierzigste Kupfertafel. Fig. 3. 4.

Lin. S. N. 2. 781. 183. Pap. *Nymph. phal, Elea* alis dentatis fuscis, anticis fascia fulva, posticis alba.
Mus. Lud. Ulr. 312.
Fabr. S. E. 513. 300.
Ej. Spec. Inf. 2. 105. 460.
Ej. Mant. 2. 57. 562.
Cram. Inf. 21. tab. 242. D. E.

Die Grundfarbe ist eigentlich ein fahles Umbrabraun, die aber mit vielen schwarzen, zum Theil etwas wellenförmigen Strichen, von verschiedener Breite, durchzogen ist. Auf den Oberflügeln ist eine sehr breite okergelbe Binde; von der Mitte derselben an ihrem untern Rande fängt eine weiße Binde an, die grade über den Unterflügel bis meist nach den Afterwinkel zu herunter geht; der Afterwinkel selbst ist okergelb, mit einem oder zwey schwarzen Punkten. Der Rand der Oberflügel ist glatt, oder doch kaum merklich gezahnt, der Rand der Unterflügel etwas stärker und weiß gesäumt.

Unten sind die Oberflügel blaß okergelb, an der Wurzel stehen vier bis fünf weiße braun eingefaßte Binden, von welchen die oberen nur halb sind. Die breite weiße Binde auf der Mitte der Flügel ist auch hier die weiße Binde, die nach dem Vorderrande der Oberflügel zu ganz spitz zuläuft. Am Außenrande steht eine Reihe mondförmiger weißer Flecken, und zwischen diesen und dem Rande noch eine Reihe weißer bogigter Striche. Auf den Unterflügeln steht zwischen der Binde und Fleckenreihe noch eine Reihe verloschner brauner Mondflecken. Der Leib ist unten weiß.

Das Vaterland ist Surinam.

77.

77. Papilio Cocala.

Zu dert sieben und vierzigste Kupfertafel. Fig. 5. 6.

Cram. Inſ. tab. 242. F. G. Pap. alis fuſcis nigro undulatis anticis faſcia fulva, poſticis flava.

Es iſt dieſer Schmetterling dem vorigen ziemlich ähnlich, daher auch Fabricius beyde für einerley hält; ſie ſind doch aber ſehr merklich verſchieden, am meiſten auf der Unterſeite; auch iſt dieſer ein gutes Theil gröſſer. Die Grundfarbe iſt ganz dunkel graubraun, mit ſchwarzen Linien durchzogen; am Außenrande ſind es drey ſchwarze Binden. Nahe an der Spitze der Oberflügel ſteht ein großer okergelber breiter Flecken, der zwiſchen den zwey hinterſten ſchwarzen bindenähnlichen Strichen gleichſam noch einen kleinen Wiederſchein giebt. Von der Mitte des Feldes fängt eine weiße Binde an, die eigentlich aus vier zuſammengefloſſenen weißen Flecken beſteht; ſie ſetzt ſich auf den Unterflügeln fort, bis nach den Leib hin. Der Afterwinkel iſt rothgelb mit zwey ſchwarzen Flecken.

Unten iſt die Grundfarbe röthlich weiß mit einigen dunkleren braun eingefaßten Strichen an der Wurzel; die weiße Binde iſt auch hier; drey röthlich weiße längliche Flecken ſtehen an der Spitze; nach dem Außenrande zu ſtehen mehrere Reihen verwiſchter weißer und brauner Linien.

Das Weibchen ist noch grösser, alle Zeichnungen sind mehr aus einander geflossen und verwischt, nur die weiße Binde ist schmaler und ganz in eins fortgezogen; auf den Oberflügeln ist außer dem okergelben Flecken an der Spitze noch ein großer auf der Mitte des Feldes, in welchen sich die weiße Binde ganz verliert. Unten sind gleichfalls die Farben mehr auseinander geflossen. Außer, der gewöhnlichen breiten weißen Binde auf der Mitte, der Flügel sieht man noch eine zweyte schmalere näher nach der Wurzel zu; sie fängt von der dicken Ader an, und geht bis an den Leib; ihre Einfassung ist dunkelbraun. Zwischen diesen beyden Binden ist am dicken Rande noch der Anfang einer dritten Binde, die aber nicht einmal bis auf die Mitte des Feldes reicht; auch diese ist schwarz eingefaßt.

Das Vaterland ist Surinam.

78. Papilio Cythereus.

Hundert acht und vierzigste Kupfertafel. Fig. 1. 2.

Lin. S. N. 2. 785. 210. Pap. *nymph. phal.* alis crenatis flavis, fascia communi argentea, subtus fascia lanceolata argentea.

Fabr. S. E. 516. 309.

Ej. Spec. Inf. 2. 109. 474.

Ej. Mant. 2. 62. 588.

Clerk icon. tab. 39. fig. 3.

Cram. Inf. 32. tab. 376. CD.

Seb. Muf. 4. tab. 13. fig. 11. 12.

— — tab. 31. fig. 5. 6.

Auch dieser Schmetterling hat viele Aehnlichkeit mit den vorigen. Die Grundfarbe ist dunkelbraun, nach dem Außenrande zu stehen zwey bis drey blassere wellenförmige Linien. Nicht weit von der Spitze der Oberflügel steht ein großer dreyeckiger okergelber Fleck Von der Mitte des Feldes fängt eine grade silberfarbige Binde an, und geht über beyde Flügel weg bis über den Afterwinkel; diese ist etwas rund geschnitten und erweitert, rothgelb mit zwey schwarzen Punkten; die Unterflügel sind etwas stark gezahnt, und der erste Zahn vom Afterwinkel ist etwas länger, als die übrigen, als wolle er sich zu einen kleinen Schwanz erweitern. Unten sind die Flügel weiß, rothgelb und braun gestreift; die Silberbinde ist auch hier. Das Vaterland ist Indien.

79. Papilio Iphiclus.

Hundert acht und vierzigste Kupfertafel. Fig. 3. 4.

Lin. S. N. 2. 780. 181. Pap. *Nymph. phal.* alis dentatis supra fuscis, fascia communi alba maculaque ferruginea anguli ani.
Fabr. S. E. 510.
Ej. Spec. Inf. 2. 99. 438.
Ej. Mant. 2. 54. 533.
Cram. Inf. 16. tab. 188. D. E. F.
Drury Inf. 1. tab. 14. fig. 3. 4.
Naturf. 6. tab. 6. fig. 2. a. b.
Clerk icon. tab. 41. fig. 3.
Seb. Mus. 4. tab. 13. fig. 5. 6. tab. 30. fig. 15. 16.

Er ist dem vorigen sehr ähnlich, nur die Form der Oberflügel ist etwas anders, nemlich etwas ausgeschnitten, daher die Spitze etwas hervortritt, oder verlängert zu seyn scheint. Die Grundfarbe ist dunkel schwarzbraun mit helleren wellenförmigen Linien, einige davon haben oben am dicken Rande einen Anflug von gelbroth. Nach der Spitze zu steht ein großer gelbrother Fleck; wo er sich auf der Mitte des Feldes endigt, fängt eine weiße Fleckenbinde an, die auf den Unterflügeln wie ein grader Streif bis nach den innren Rand fortläuft; der Afterwinkel ist gleichfalls rothgelb angeflogen; der Rand der Unterflügel ist etwas gezahnt. Die Unterseite besteht

steht aus weißen, rothgelben, braunen und schwarzen Streifen und Strichen; die weiße Binde ist hier viel breiter; der gelbe Fleck an der Spitze ist auch hier, aber sehr verbleicht; am Vorderrande mehr nach der Wurzel zu stehen mehrere weiße schwarz umzogene Flecken.

Das Vaterland ist Südamerika.

---

80. Papilio Phliasus.

Hundert acht und vierzigste Kupfertafel. Fig. 5. 6.

Cram. Inſ. 16. tab. 192. AB. Pap. alis fuſcis maculis ſtrigisque rufis faſcia alba.

Die Grundfarbe iſt graubraun; durch die Mitte aller Flügel geht eine breite weiße Binde, die am Vorderrande der Oberflügel in eine rothe Schattirung übergeht; an der Wurzel ſtehen graue und ſchwarze Striche mit dazwiſchen liegenden rothen Streifen; außerhalb der Binde läuft eine rother Strich durch die Flügel; am Außenrande der Oberflügel ſtehen zwey greiſe Striche, und auf den Unterflügeln eine Reihe weißlicher bogigter Striche; der Rand der Flügel hat kleine weiße Kerben.

Unten iſt die weiße Binde ſehr breit, und an beyden Seiten mit braun ſchattirt; der Außenrand beſteht aus großen, weißen, an einander hangenden Flecken, durch deren Mitte eine wellenförmige braune Linie läuft; auf den Unterflügeln ſteht ein runder ſchwarzer Fleck am Afterwinkel, und ein andrer nach dem Hinterrande zu. An der Wurzel der Oberflügel ſtehen ſchwarze, rothe und weiſze Striche, die Wurzel der Unterflügel iſt weißgrau.

Das Vaterland iſt Surinam.

Ich zweifle nicht, daß nicht noch manche der bunten Danaiden in Fabricii Schriften zu dieſer Familie

gehö

gehören sollten. Da ich sie aber nicht kenne, und folglich auch keine Abbildung derselben geben kann, so bin ich auch nicht gewiß, ob sie mit Sicherheit unter meine Consules zu setzen sind. Ich will sie daher lieber ganz weglassen, um nicht neue Verwirrungen zu verursachen, da die kurze zum Theil sehr unbestimmte Beschreibung in den Systemen niemanden viel nutzen kann.

Siebente Familie.

Nobiles.

Die Schmetterlinge, welche ich zu dieser Familie rechne, sind ziemlich deutlich und bestimmt von den übrigen Familien zu unterscheiden, da das Hauptkennzeichen derselben der an den Unterflügeln verlängerte Afterwinkel ist. Gemeiniglich nemlich sind die Unterflügel am Leibe abgerundet, so daß sie dadurch kürzer werden. Bey dieser Familie ist dies nicht, sondern bald sind die Flügel hier gleichsam abgestutzt, und also eben so lang, wie in der Mitte, bald oder das meistemal aber verlängert sich dieser Afterwinkel gar, und wird zu einer vorstehenden Spitze oder Schwanz, der bald zugespitzt, bald abgerundet ist. Die meisten dieser Schmetterlinge haben einen glatten Rand, und würden also zu den bunten **Danaiden** gehören; bisweilen sind auch die Oberflügel sehr zugespitzt, daß man sie also nicht Rundflügel nennen kann, obgleich sie in den Systemen darunter stehen.

81. Papilio Aconthea.

Hundert neun und vierzigste Kupfertafel. Fig. 1. 2. 3. 4.

Fabr. S. E. 513. 298. Pap. *Melissa*, alis dentatis fuscis, posticis subtus griseo marmoratis.
Ej. Mant. 2. 57. 560.
Cram. Inf. 12. tab. 134. D E F G.

Die Grundfarbe des Männchen ist graubraun, der schwach gezahnte Rand ist etwas dunkler; hinter dem Rande steht eine Reihe dreyeckiger dunkler Flecken, auf der Mitte eine schwarze wellenförmige Linie; nach der Wurzel zu stehen auf den Oberflügeln am Vorderrande zwey große schwarz gezogene Rundungen, und auf den Unterflügeln zwey kleinere. Der Afterwinkel biegt sich ein wenig in einen kleinen stumpfen Zahn um. Der Leib hat die Farbe der Flügel. Unten ist die Grundfarbe braunroth, auf den Oberflügeln etwas dunkler, auf der Mitte steht eine große weiße Fleckenbinde, doch ist die Mitte jedes Flecks wieder braun. Nach der Wurzel zu stehen zwey rothgelbe schwarz umzogene Flecken über einander an der dicken Ader; auch ist die weiße Fleckenbinde an beyden Seiten mit einer dunkelbraunen wellenförmigen Binde umzogen; an der Spitze steht ein dreyeckiger weißer Fleck, und ein größerer weißer Fleck auf der andern Ecke ist mit den Unterflügeln gemeinschaftlich. Zwey dunkle wellenförmige Linien sind auf den Unterflügeln, und an der bräunlich weißen Wurzel stehen drey braunrothe schwarz umzogene Flecken.

Das Weibchen, fig. 3. 4, weicht ziemlich ab, die Grundfarbe ist blaß umbrabraun. Auf den Oberflügeln steht eine weiße, zackigte, braun schattirte und dunkelbraun eingefaßte Binde, die am Vorderrande gespalten ist; der Vorderrand ist unterwärts dunkler braun, und an demselben stehen drey braune schwarz eingefaßte Flecken. Auf den Unterflügeln steht eine weiße, zackigte braun schattirte Binde, und hinter derselben eine zackigte Linie. Unten sind die Flügel innerhalb okergelb, außerhalb weißgrau; hinter dem Rande steht eine okerbraune Zikzaklinie; der Außenrand ist braun angelaufen. Am Vorderrande der Oberflügel stehen unterhalb zwey weiße schwarz eingefaßte Flecken, und auf den Unterflügeln vier schwarz umzogene Rundungen; auch ist die okergelbe Grundfarbe, wo sie mit der weißen zusammenkommt, braun umzogen; nach der Spitze zu steht am Vorderrande ein brauner viereckiger Fleck.

Das Vaterland ist Batavia.

82. Papilio Polybetes.

Hundert neun und vierzigste Kupfertafel. Fig. 5. 6. 7. 8.

Cram. Inf. tab. 234. DE. Pap. alis luteis apice fuscis, subtus posticis ocellis duobus.

Seba IV. tab. 35. fig 15. 16.

Die Oberflügel haben einen etwas ausgeschnittenen ganz unmerklich gezahnten Rand; die Grundfarbe ist braungelb, die äußere Hälfte schwarz, und darauf steht ein großer und ein kleiner rothgelber Fleck, und an der Spitze einige weiße Punkte. Die Unterflügel sind braungelb, der Afterwinkel verlängert sich in eine einwärts gebogene stumpfe Spitze; am Außenrande stehen zwey wellenförmige braune Linien, und etwas dahinter zwey Punkte. Unten ist die Grundfarbe innerhalb blaß röthlich, außerhalb hellbraun, und wo beyde Farben zusammenkommen, steht eine schwärzliche, anfangs zackigte, nachher grade Linie. Nahe am Vorderrande stehen zwey dunkle braun eingefaßte Flecken nach der Wurzel zu, zwischen den beyden dicken Adern; und an der Spitze steht ein weißer Fleck, und drey weiße Punkte darneben. Auf den Unterflügeln stehen zwey eyrunde große Augen mit einem gelben Kreise; die Spitze des Afterwinkels ist braun schattirt, und von ihr geht eine gepuderte Linie aus, die etwa bis an die Hälfte der Breite des Flügels reicht.

Das Männchen, tab. 149, fig. 7. 8. weicht ziemlich ab; die Grundfarbe ist dunkler braun, und außerhalb sind alle Flügel schwarz; an der Spitze der Oberflügel stehen nur einige hellbraune Punkte; auf den Unterflügeln stehen zwey hellblaue Punkte. Unten ist die Grundfarbe grünlich dunkelgrau mit etwas helleren Flecken und Streifen; auf den Oberflügeln steht außerhalb eine Reihe blinder Augen, und an der Wurzel zwey weiße Striche; auf den Unterflügeln stehen vier Augen mit einem braunrothen Kreise, das zweyte von innen ist klein und blind. An der Wurzel stehen zwey weiße Punkte.

Das Vaterland ist Batavia.

83. Papilio Isidora.

Hundert funfzigste Kupfertafel. Fig. 1. 2. 3. 4.

Cram. Inſ. tab. 235. AB. EF. Pap. alis falcatis fulvis, macula margineque nigris, foemina ocellis duobus hyalinis.

Die Oberflügel sind stark ausgeschnitten, also etwas sichelförmig zugespitzt, der Rand glatt; die Grundfarbe ist rothgelb, an der Spitze steht ein schwarzer Fleck, der in einen schwarzen Strich am Außenrande herum ausläuft; an der Mitte des Vorderrandes steht ein schwarzer winklichter Fleck. Die Unterflügel sind rund, haben einen glatten Rand, und der Afterwinkel läuft in eine stumpfe Spitze aus; diese ist schwarz, da im übrigen die Flügel rothgelb sind; eine verloschne dunkle linie steht nahe am Außenrande. Unten ist die Grundfarbe braun mit helleren Schattirungen, punktirt, die Unterflügel und die Spitze der Oberflügel weiß bepudert; vom Afterwinkel läuft eine gebogene schwarze linie nach den Hinterrand hin.

Das Weibchen, fig. 3. 4, ist etwas größer und heller von Farbe, und zeichnet sich besonders dadurch aus, daß auf der Mitte der Oberflügel zwey kleine runde klare durchscheinende Glasflecken stehen, neben einander, der äußere ist nur halb so groß, als der innere. Unten ist die Farbe fahl okergelb voller brauner Sprenkeln, im übrigen ziemlich dem Männchen gleich.

Das Vaterland ist Surinam.

84. Papilio Bisaltides.

Hundert funfzigste Kupfertafel. Fig. 5. 6.

Fabr. Spec. Inf. 2. 61. 273. Pap. Dan. fest. alis subcaudatis fulvis, apice nigris, subtus punctis ocellaribus, anticis duobus posticis tribus.

Ej. Mant. 2. 29. 314.

Cram. Inf. 102. CD.

Die innre Hälfte der Oberflügel ist gelbroth, die äußere schwarz; auf der Mitte stehen zwey große schwefelgelbe Flecken, der eine am Vorderrande, der andre auf der Mitte; unter denselben steht ein kleiner gelber Strich, und nach der Spitze zu zwey weiße Punkte; der Rand ist sehr schwach gezahnt. Die Unterflügel sind auch rothgelb; am Rande stehen zwey dunkle Linien, und darüber zwey runde schwarze Punkte. Der Afterwinkel verlängert sich in eine ziemlich lange Spitze.

Unten ist die Grundfarbe innerhalb blaß okergelb, außerhalb etwas bräunlicher; am dicken Rande der Oberflügel stehen zwey dunkelbraune zackigte Binden, und an der Spitze zwey kleine blaue Punkte; auf beyden Flügeln steht da, wo die helle und dunkle Grundfarbe zusammenkommen, ein schwarzer Strich, der auf den Oberflügeln zackigt ist. Auf den Unterflügeln stehen außerhalb drey Augen mit einer blauen Pupille; das äußerste ist nur klein. Der Schwanz hat einige schwarze Striche.

Das Vaterland ist Surinam.

85. Papilio Itys.

Hundert ein und funfzigste Kupfertafel. Fig.

Fabr. Spec. Inſ. 2. 60. 268. Pap. Dan. feſt. alis ſubcaudatis fulvis, apice flavo nigris, ſubtus variegatis poſticis baſi coeruleis.

Ej. Mant. 2. 29. 309.

Cram. Inſ. 10. tab. 119. fig. FG.

Die Oberflügel ſind nahe an der Spitze ausgeſchnitten, daher ſie daſelbſt ſehr ſpitz auslaufen; im übrigen iſt der Rand glatt. Innerhalb iſt die Farbe braunroth; alsdann folgt eine breite zackigte, etwas gebogene gelbe Binde, die nach dem Hinterrande zu breiter wird, und ſich daſelbſt mit der Grundfarbe vermiſcht, auch geht von da eine geſchlängelte rothbraune Linie bis auf die Mitte der Binde; die Spitze und der Außenrand ſind ſchwarz. Die Unterflügel ſind ſchlicht gelbbraun; am Hinterrande ſind ſie ausgeſchnitten, am Außenrande abgerundet, glatt, und am Afterwinkel wieder ausgeſchnitten, der deshalb in eine ziemlich lange Spitze vortritt. Der Leib iſt gelbbraun.

Unten iſt die Grundfarbe auch braunroth mit dunkleren Sprenkeln, auch die Spitze hat dieſe Farbe, und iſt nebſt dem Außenrande bisweilen blau bepudert; die Binde iſt hier eben wie oben, nur röthlich mit dunkleren Sprenkeln. Die Unterflügel ſind auf der innren Hälfte blau, braun marmorirt; alsdann folgt eine röthliche, weiß bepuderte, auswendig stark ausgeschnittene Binde; außerhalb sind die Flügel blaugrau, in der Mitte dieser Farbe ist ein schattirter röthlicher Queerstreif, mit einer Reihe schwarzer weiß eingefaßter Punkte; der Außenrand ist braun schattirt, die Schwanzspitze weiß bepudert.

Das Vaterland ist Surinam.

86. Papilio Zinghus.

Hundert ein und funfzigste Kupfertafel. Fig. 3. 4.

Fabr, Mant. 2. 48. 471. Pap. Nymph. phal. *Berenice* alis dentato caudatis nigris, fascia communi rubra, posticis subtus nigro albo ferrugineo flavoque variis.

Cram. Inf. 27. tab. 315. B. C. P. Zingha.

Drury Inf. 2. tab. 11. fig. 1. 2. P. Berenice.

Die Grundfarbe der Flügel ist schwarz, und über beyde geht eine braunrothe Binde, die am Leibe am breitesten ist, aber nach der Spitze der Oberflügel zu spitzt sie sich immer mehr zu, erreicht aber doch die Spitze nicht. Am Außenrande der Oberflügel sind viele rothbraune, und am Afterwinkel weiße Sprenkeln. Der Rand der Oberflügel ist glatt, der Rand der Unterflügel gezahnt, hauptsächlich am breiten Afterwinkel stehen mehrere kleine zahnähnliche Spitzen.

Unten ist die Grundfarbe der Oberflügel braungrau, am innren Rande rothbraun; nach der Wurzel zu stehen viele schwarze Flecken, und nach der Spitze zu weißliche bindenähnliche verloschene Schattirungen, und am innern Winkel ein großer schwarzer, etwas verwischter Fleck. Die Unterflügel sind braungrau, am Hinterrande blaß okergelb; die ganze Fläche ist mit schwarzen und runden Zügen besetzt, auch stehen nach dem innren

Rande und Afterwinkel weiße Flecken und Züge, so wie am Hinterrande schwarze Flecken. Die Fühlhörner sind nach außen zu dicker, schwarz; die Palpen unten weiß, an der Spitze schwarz; der Brustschild schwarz, vorne weiß gefleckt.

Das Vaterland ist Sierra Leona in Afrika.

---

87. Papilio Egestus.

Hundert ein und funfzigste Kupfertafel. Fig. 5. 6.

Cram. Inf. 4. tab. 46. B. C. Pap. alis luteis, posticis fasciis punctisque nigris, fasciaque alba.

Die Flügel sind breit, die Oberflügel hell okergelb, der Außenrand und die Spitze schwarz gerandet. Von der Mitte aus geht eine verloschene gelblich weiße Binde nach der Mitte des Hinterrandes hin; diese wird lebhafter auf den Unterflügeln fortgesetzt, und geht über die Mitte derselben fort, bis an den innren Rand; sie hat auf beyden Seiten eine breite schwarze Einfassung; der Grund der Unterflügel ist okergelb, auf der innern Hälfte schwarz punktirt; der Außenrand ist schwarz gepudert, und zwischen dieser schwarzen Einfassung und der Binde steht eine Reihe schwarzer Punkte, und innerhalb ein schwarzer Strich. Der Afterwinkel verlängert sich nur wenig.

Unten sind die Flügel hellbraun mit einer breiten dunkelbraunen Einfassung; hinter derselben läuft ein heller braun eingefaßter Strich durch alle Flügel; innerhalb stehen braune schwarz eingefaßte zackigte Flecken, und nach dem Außenrande zu eine Reihe schwarzer Punkte.

Das Vaterland ist Surinam.

88. Papilio Cymodoce.

Hundert zwey und funfzigste Kupfertafel. Fig. 1. 2.

Fabr. Spec. Inſ. 2, 61. 272. Pap. Dan. feſt. alis ſubcaudatis fuſcis, baſi coeruleo nitidis, poſticis ocello utrinque unico.

Ej. Mant. 2. 29. 313.

Cram. Inſ. 9. tab. 99. GH.

Die Oberflügel laufen ganz ſpitzig aus, weil ſowohl der Vorderrand als der Außenrand nach der Spitze zu ausgeſchnitten ſind. Im übrigen iſt der Rand ringsherum glatt. Die Grundfarbe iſt dunkelbraun, nach dem Rande zu geht ein hellerer verwiſchter Streif durch den Flügel, der nach dem Vorderrande zu am weißeſten iſt; über demſelben ſteht dicht am Rande ein weißer Punkt, und noch höher hinauf dicht hinter den Außenrand läuft ein ſchwarzer Strich; an der Wurzel haben die Flügel einen ſchönen blauen Glanz, und am Vorderrande, der ſehr gebogen und nahe am Leibe wieder ausgeſchnitten iſt, ſtehen einige ſchwarze Queerſtriche. Die Unterflügel haben gleichfalls einen blauen Glanz, am Außenrande zwey dunkle parallele Linien; der Afterwinkel iſt an beyden Seiten ſtark ausgeſchnitten, daraus entſteht eine ſcharfe verlängerte Schwanzſpitze, die einen blauen Strich hat; etwas darunter ſteht eine roſtfarbige Ocelle mit einer weißen Pupille.

Unten

Unten ist die Grundfarbe heller braun, nach außen zu mit etwas weiß schattirt; von der Spitze der Oberflügel bis an den Grund des Schwanzes läuft durch die Flügel eine blaue schwarz eingefaßte Linie; die Spitze der Oberflügel ist weiß und blau gepudert; nahe am Außenrande stehen einige schwarze krumme Striche. Hinter den Außenrand der Unterflügel geht ein blauer Strich, der auf der Schwanzspitze am lebhaftesten ist; die Ocelle ist auch hier, größer und lebhafter von Farbe; darneben stehen noch mehrere schwarze Punkte und ganz kleine Rundungen.

Das Vaterland ist Surinam.

89. Papilio Actorion.

Hundert zwey und funfzigste Kupfertafel. Fig. 3. 4.

Lin. S. N. 2. 794. 262 Pap. Dan. rest. alis subcaudatis fuscis, anticis fascia lutescente exteriore maculaque coerulea postica subtusque ocello.

Amoen. Acad. 6. 409. 78.

Fabr. S. E. 533. 386.

Ej. Spec. Inf. 2. 61. 271.

Ej. Mant. 2. 29. 312.

Cram. Inf. 5. tab. 49. CD.

Clerk ic. tab. 36. fig. 2.

Seb. 4. tab. 41. fig. 17. 18. tab. 4. fig. 3. 4.

Die Oberflügel dieses Schmetterlings sind rund, der Rand glatt, die Grundfarbe braun, an der Spitze steht eine gebogene rostfarbige Binde, und am Hinterrande geht von oben bis auf die Mitte ein breiter blauer Streif. Die Unterflügel sind blaugrau, nahe am Leibe steht ein großer Büschel gelber Haare. Der Afterwinkel geht in eine lange grade Spitze aus.

Unten ist die Grundfarbe braun, mit vielen kleinen gelben und weißen Strichen besetzt; am Außenrande steht ein blasserer verwischter Streif, auf den Unterflügeln ein doppelter. An der Spitze der Oberflügel steht

steht eine kleine Ocelle; am Hinterrande ist die Grundfarbe blau Auf den Unterflügeln stehen hinterwärts drey gelbe Punkte, die Schwanzspitze ist schwarz mit einem weißen Strich.

Das Vaterland ist Surinam.

90. Papilio Agatinus.

Hundert zwey und funfzigste Kupfertafel. Fig. 5. 6.

Fabr. S. E. 512. 295. Pap. nymph. phal. *Maja* alis dentatis fuscis, anticis albo maculatis, posticis immaculatis.

Ej. Spec. Inf. 2. 103. 454. P. Maja.

Ej. Mant. 2. 56. 552.

Cram. Inf. 14. tab. 167. EF.

Die Grundfarbe der Flügel ist braun, beym Weibchen aber haben sie in der Mitte einen schönen blauen Glanz; auf der Mitte stehen einige violette Flecken, und nach der Spitze zu drey weiße Punkte. Der Rand der Oberflügel ist an der Spitze glatt, nach der hintern Ecke zu aber stehen einige Zähnchen, von welchen insonderheit der letzte stark hervortritt. Der Rand der Unterflügel ist schwach gezahnt, der Afterwinkel tritt nur unmerklich ein wenig hervor.

Unten ist die Grundfarbe heller braun, zwischen den beyden dicken Adern der Oberflügel okergelb, mit zwey weißen Strichen, auf der Mitte und nach der Spitze zu stehen mehrere weiße Flecken. Die Unterflügel haben einige braune Flecken und wellenförmige Querlinien.

Das Vaterland ist Surinam.

---

91. Papilio Dirce.

Hundert drey und funfzigste Kupfertafel. Fig. 1. 2.

Lin. S. N. 2. 778. 271. Pap. nymph. phal. alis angulatis fuscis, fascia anticarum flavescente, subtus nigro undulatis.

Fabr. S. E. 506. 264.

Ej. Spec. Inſ. 2. 93. 407.

Ej. Mant. 2. 50. 492.

Cram. Inſ. 18. tab. 212. CD.

Sulz. Geſch. tab. 17. fig. 11. 12.

Muſ. Lud. Ulr. 287.

Seba Muſ. 4. tab. 10. fig. 1. 2. 7. 8. tab. 13. fig. 9. 10.

Amoen. Acad. 6. 407. 71.

Clerk tab. 36. fig. 5. 6.

Die Grundfarbe iſt dunkelbraun, an der Spitze ſchwarz, der Rand ringsherum glatt, auf der Mitte der Oberflügel ſteht eine breite ganz durchlaufende ſchwefelgelbe Binde. Die Unterflügel ſind einfarbig, und der Afterwinkel tritt in eine breite abgerundete Spitze vor. Unten iſt die Grundfarbe gelblich weiß, und die ganze Fläche iſt mit braunen zum Theil winklichen Strichen durchzogen, die gröſtentheils an einem Ende dicker werden; am Afterwinkel iſt ein okergelber Anflug, und auf der Spitze deſſelben ſteht ein blauer und ein ſchwarzer Punkt.

Das Vaterland iſt Indien.

92. Papilio Lisius.

Hundert drey und funfzigste Kupfertafel. Fig. 3. 4.

Cram. Inſ. 13. tab. 152. FG. Pap. alis integerrimis coeruleis apice nigris, ſubtus violaceis, margine exteriore ſanguineo.

Es iſt dieſer Schmetterling nicht groß, der Außenrand glatt, die Oberflügel ein wenig ausgeſchnitten, die Grundfarbe ſchön himmelblau, die Spitze, der Außen- und Vorderrand ſchwarz, außerhalb weiß geſäumt. Die Unterflügel ſind himmelblau, weiß geſäumt, der Afterwinkel verlängert ſich in eine Spitze. Der Leib iſt ſchwarz, am Halſe blau.

Unten iſt die Grundfarbe braun mit einem violetten Wiederſchein, der Außenrand breit fahlbraun, außerhalb mit einer blutrothen Einfaſſung, und zuletzt weiß geſäumt. Der Leib iſt gelb, die Füße ſind roth.

Das Vaterland iſt Indien.

93. Papilio Belise.

Hundert drey und funfzigste Kupfertafel. Fig. 5. 6.

Cram. Inſ. tab. 376. EF. Pap. alis nigris faſcia communi hyalina coeruleo marginata.

Es iſt dieſer Schmetterling nur klein, die Oberflügel ſind ſchwarz, von der Mitte an geht eine breite, weiße, durchſcheinende Binde über die Unterflügel fort bis an den Leib; ſie hat eine blaue Einfaſſung, die außerhalb auf den Unterflügeln ſich bis an den Außenrand ausbreitet; etwas mehr nach der Spitze der Oberflügel zu ſtehen drey weiße in einander geſloſſene Flecken, und zwey kleine weiße Striche am innren Winkel. Der Afterwinkel iſt nicht viel erweitert. Der Rand der Flügel iſt glatt, an den Unterflügeln weiß geſäumt, und dahinter ſteht eine Reihe ſchwarzer Punkte, und nach hinten zu ein ſchwarzer Fleck.

Unten iſt die Grundfarbe gelbroth, nach der Spitze zu braun; die breite weiße Binde iſt auch hier, aber braun eingefaßt. Nach der Spitze zu ſtehen noch zwey abgebrochene weiße Binden über einander, und neben der oberſten noch zwey weiße Flecken an der innren Ecke; ein weißer Streif geht von der Wurzel aus neben der dicken Naht bis meiſt die Hälfte herauf. Die Unterflügel haben einen breiten weißen Rand, durch welchen eine braune Linie läuft; im Afterwinkel ſteht ein brauner Cirkel. Das Vaterland iſt Surinam.

94. Papilio Eribotes.

Fabr. S. E. 484. 183. Pap. Dan. fest. alis integerrimis subcaudatis fulvis, basi coerulescentibus, subtus griseis.
Ej. Spec. Inf. 2. 60. 267.
Ej. Mant. 2. 29. 308.

Der Leib ist von mittler Größe, schwarz; die Oberflügel sind rostfarbig, am Grunde blau, an der Spitze braun; der innre Rand ist etwas ausgeschnitten. Die Unterflügel sind etwas geschwänzt, rostfarbig, an der Wurzel blau. Unten sind alle Flügel grau.

Das Vaterland ist Indien.

Ende des sechsten Bandes.

FSC
www.fsc.org
MIX
Papier | Fördert
gute Waldnutzung
FSC® C083411

Kolibri 360 GmbH
Ferdinand-Jühlke-Straße 7
99095 Erfurt, Deutschland
produktsicherheit@kolibri360.de